中国高校"十二五"数字艺术
精品课程规划教材

3ds Max
动画案例

高级教程

上官大堰 / 编著

中国青年出版社
CHINA YOUTH PRESS

中青雄狮

侵权举报电话

全国"扫黄打非"工作小组办公室

010-65233456 65212870

http://www.shdf.gov.cn

中国青年出版社

010-50856028

E-mail: editor@cypmedia.com

图书在版编目（CIP）数据

3ds Max 动画案例高级教程 / 上官大堰编著. — 北京：

中国青年出版社，2015. 12

中国高校"十二五"数字艺术精品课程规划教材

ISBN 978-7-5153-3990-0

I.①3… II.①上… III.①三维动画软件－高等学校－教材

IV.①TP391.41

中国版本图书馆CIP数据核字（2015）第293768号

中国高校"十二五"数字艺术精品课程规划教材

3ds Max 动画案例高级教程

上官大堰 / 编著

出版发行：中国青年出版社

地　　址：北京市东四十二条21号

邮政编码：100708

电　　话：(010) 50856188 / 50856199

传　　真：(010) 50856111

企　　划：北京中青雄狮数码传媒科技有限公司

策划编辑：张　军

责任编辑：张　军

助理编辑：张军娜

封面设计：郭广建

印　　刷：北京时尚印佳彩色印刷有限公司

开　　本：787 x 1092 1/16

印　　张：10.5

版　　次：2015年12月北京第1版

印　　次：2015年12月第1次印刷

书　　号：ISBN 978-7-5153-3990-0

定　　价：49.80元

本书如有印装质量等问题，请与本社联系

电话：(010) 50856188 / 50856199

读者来信：reader@cypmedia.com

投稿邮箱：author@cypmedia.com

如有其他问题请访问我们的网站：http://www.cypmedia.com

前 言

　　读者朋友们你们好，《3ds Max 动画案例高级教程》是一本集三维动画理论知识、案例实训于一体的专业教材。该教材分为"基础篇"和"案例篇"两个篇章。其中"基础篇"是从实用性的角度对 3ds Max 中的基础命令，根据使用频率进行选择性讲解；"案例篇"则以综合性案例为主要诠释内容，对"基础篇"中的知识点进行穿插运用，属于与"基础篇"相匹配的实践环节。书中"基础篇"包含了"3ds Max 概述""3ds Max 基础操作""3ds Max 建模技术""3ds Max 材质技术""3ds Max 灯光技术""3ds Max 摄像机动画""3ds Max 角色动画""毛发设计"和"粒子动画"等基础内容。"案例篇"涉及的综合实训案例大多孵化于北京林业大学艺术学院"三维动画设计"课程的学生作业。结合本课程的知识梯度、经过技术分析与反复论证最终得以确定下来的。迄今为止，已经过真实教学的检验，作为本校三维动画讲授的标准内容了。依托此课程，学生们完成了高质量的动画作品，其中不乏获奖作品。在这里把它们毫无保留地奉献出来，不仅源于对动画教学的无限热爱，更期望能够抛砖引玉，给予热爱动画的学子们点滴启示。

　　北京林业大学是教育部直属的 211 大学，其中艺术学院的动画专业始建于 2008 年。经过多年的教学积累和实践总结，逐步形成了一套完备的教学理念、系统的动画、漫画、游戏课程体系和教学体系。以 3ds Max 为主讲的"三维动画设计"课程不仅是动画专业的核心课程，也是数字媒体艺术、环境艺术、产品设计等专业的重要课程，是构建艺术作品的重要保障。

　　"言而无文，行而不远"，希望本书为读者提供更多的帮助，限于作者本人的知识背景和学识范围，难恐疏漏，欢迎读者朋友批评指正。本书由上官大堰编著，感谢参与本书案例编写工作的何帅帅、朱雨晴、王丽锦、张嘉惠、徐明瑶、叶志成等同学；感谢北京大学同学傅聪在书籍规划上给予的宝贵指点。

　　中国动画伴随着互联网的发展而迅猛发展，相信经过前几年的沉积和凝聚，动画产业会变得更加理性且富有生机，未来的动画一定是属于那些有梦想、有追求、能坚持、敢拼搏的人们。"开启非凡人生，实现卓越梦想"，让我们认准目标，策马扬鞭，为中国动画的伟大复兴而不断奋斗！

上官大堰

目 录 Contents

PART 01 基础篇

Chapter 01 3ds Max 概述

Disney · PIXAR

Chapter 02 3ds Max 基础操作

Chapter 03 3ds Max 建模技术

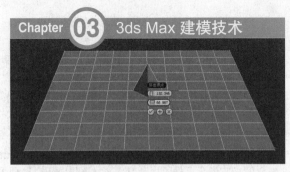

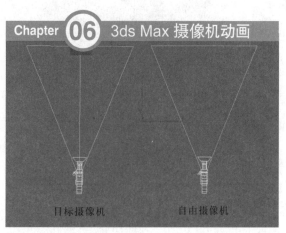
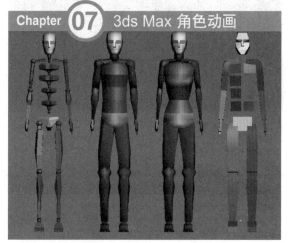

PART 02　案例篇

Chapter 12 材质的情感——
钢与冷的道白

Chapter 13 灯光的魅力——
厨师与鱼

Chapter 14 摄像机穿越——
展馆漫游

Chapter 15 角色动画——
超凡鱼侠

Chapter **16** 毛发设计——Angel 头发

Chapter **17** 粒子动画——蓝色火焰

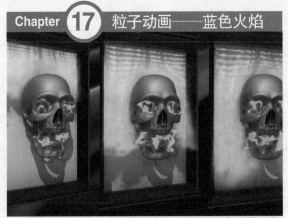

PART 01

基础篇

☕|重点指引

作为三维动画的重要工具，3ds Max 的应用命令纷繁众多，初学者往往无从下手。哪些命令是核心命令？该如何掌握？这就是本篇要解决的问题。本篇作为基础篇共分为 9 章，系统介绍了 3ds Max 基础命令与技术原理，帮助初读者由浅入深地理解和学习，从实用性的角度根据使用频率对 3ds Max 中的基础命令进行选择性讲解。

🔍|重点框架

3ds Max 概述

3ds Max 基础操作

3ds Max 建模技术

3ds Max 材质技术

3ds Max 灯光技术

3ds Max 摄像机动画

3ds Max 角色动画

毛发设计

粒子动画

Chapter 01 3ds Max 概述

本章概述

3ds Max是一款功能强大的三维建模与动画设计软件，该软件涉及多个行业领域。本章分为两个小节，其中1.1为三维动画概述部分，从三维动画的概念、流程、经典作品、知名公司、主流软件对三维动画进行了鸟瞰式的讲解。1.2节为3ds Max软件介绍部分，从软件的发展历史、概述、应用领域对软件进行了全方位的介绍。

核心知识点

❶ 三维动画制作流程
❷ 知名动画公司
❸ 知名三维动画软件

1.1 三维动画概述

1. 概念

三维动画（3D动画）是建立在动画艺术和计算机软硬件技术发展基础上的一种相对独立的新型艺术形式。设计师需要运用三维动画软件在计算机中创造一个虚拟的世界。首先，设计师根据设想确定对象的形状和尺寸，从而在三维世界中建立模型和场景；之后，设计师将赋予模型生动的材质及贴图，同时为场景创建灯光以模拟真实环境；最后，按照需求设置模型和虚拟摄影机的运动轨迹，并设定其他动画参数。所有设置完成之后，令计算机自动运算，生成我们需要的画面。

随着三维动画软件功能越发强大，建构物理世界物体的造型越发简易。因软件本身可编辑性强、渲染成像逼真、所能表现的内容又拥有无限的可能性，所以该技术的应用领域广泛，包括军事、医疗、教育、游戏、展示、仿真等诸多领域。在影视行业和广告制作行业，这项新技术可给观众带来耳目一新的感觉，所以更是深受青睐。影视CG作品中需要运用的特效，如爆炸、烟雾、下雨、光效、撞车、变形等，如果实地拍摄费时费力且效果难以控制，而使用三维技术却能轻松营造想要的画面效果。同样，三维动画实现的可视化效果在其他领域也发挥着举足轻重的地位。

2. 工业流程

在实际生产中，一个完整的影视类三维动画制作流程包含前期设计、中期制作与后期合成这3个部分。

（1）前期设计

前期设计是指在使用三维动画技术之前，按照传统的动画设计步骤，对动画内容进行规划，包括文学剧本创作、分镜头剧本创作、角色设计以及场景设计。

文学剧本："剧本剧本、一剧之本"。剧本是所有影视作品的基础，它需要视觉化描述故事的内容，用文字呈现出画面内容，禁止无视觉特点的义学描述，比如抽象的心理描述。动画剧本除去具有影视剧本的一般特点外，它的剧本形式更加多样，如神话、科幻、民间故事等。优秀的剧本可使影视作品票房大卖，糟糕的剧本也可使影视作品一败涂地。

分镜头剧本：分镜头剧本也叫做分镜头台本，或Storyboard，分镜头剧本能够充分体现导演的艺术创作风格，是导演根据文学剧本的描述进行的再创作，进一步将文字剧本进行视觉化的形象描述。分镜头剧本包括影视画面和简要的文字叙述，每一个影视画面代表着每一个镜头内容。画面下方为文字说明，文中会细致地写出摄影机的位置、镜头运动、角色走位、时间、音乐和音效等制作时的具体指令。

角色设计：角色设计包括人物、动物及器物等造型设计。设计内容包括角色的造型设计、动作设计及表情设计。造型设计一般要求有完备的图解，包括标准造型、比例图、三视图、转面图、结构图和服装、道具分解图等。动作设计为角色的典型姿态，即在不同情绪下的动作，往往需要加以文字说明，使创作的角色性格更加鲜明。设计的动画造型需要适当夸张，必须有突出的角色特征，角色运动应合乎规律。

场景设计：场景设计是整个动画片中除角色设计外一切环境的造型设计，是根据文学剧本和导演的分镜头剧本来设计的。完整的场景设计需要包括平面图、立面图、鸟瞰图、结构分解图、色彩气氛图等，需要用多幅图来表达。

（2）中期制作

中期制作是指根据前期设计，在计算机中通过三维动画软件技术创建出动画内容。与二维动画的中期制作不同，三维动画的制作流程为建模、材质贴图、灯光、动画、渲染等。

模型搭建：建模师依据前期设计，通过 3D 建模软件在虚拟环境中创建出角色和场景的模型。建模是三维动画的基础，所有在动画中出现的角色和场景的造型都要在这一步骤成型。在参照前期设计图的同时，建模也需要创意和构思。通常使用的软件有 3ds Max、Maya、AutoCAD 等。建模有几种常见方式：1）多边形建模，通过对三角面、四边形或多边形的组织建立起的几何体模型。特点是建模迅速，该种方法比较适合建筑建模；2）NURBS 建模，用 NURBS 曲线和曲面定义一个光滑的曲面，特点是过渡均匀平滑，该种方法比较适合工业建模；3）细分曲面建模，是把多边形建模与 NURBS 曲线建模的优点结合起来的建模方式，该种方法比较适合生物建模。

材质贴图：材质指的是物体所拥有的质感，它能够赋予模型更真实的视觉感受，使物体拥有具体的色泽、明度、反光、透明及粗糙程度等特性。贴图是指物体表面的纹理，通过可视化技术在 3D 模型表面贴上的二维图像，形成模型表面的纹理结构。为了令指定的二维图片能准确位于特定的位置，3D 软件使用了纹理贴图坐标映射技术。一般有平面映射、柱体映射、方盒映射和球体映射等多种贴图方式，满足不同的贴合需求。赋予物体的材质与现实世界中物体的属性相一致，即是理想的效果。

灯光设计：灯光设计的目的是真实模拟物理世界中的丰富光照。3D 软件中的标准灯光类型有泛光灯、聚光灯、平行光、天光等，它们又划分为两个大类，模拟四面发散光线的点光源和模拟固定方位照明的方向光源。灯光起着照明环境、产生投影、烘托氛围的重要作用。三点照明是角色照明中的经典布光方法：一盏主光，一盏补光，一盏背光，三盏灯光的组合应用让角色变得更加立体。主光为基本光源，它决定场景中光影的主要基调。环境中的角色阴影主要源于主光，相对于摄像机，该光影一般放置于角色正面偏左（右）的 45°处。而补光则是针对主光的补充照明，让角色的阴影更加柔和，特别是面部阴影，补光通常放置在靠近摄影机的位置。背光的作用是加强主体角色的轮廓，使主体角色在背景中鲜明突出。

动画设置：根据分镜设计及动作设计，使设计完成的造型在三维动画制作软件中运动起来。动作与画面的变化通过设置关键帧来实现，动画师给关键画面的时刻加上关键帧，关键帧之间的过渡运动由计算机自动生成。为方便角色动作的调试，软件系统提供了一整套骨骼动画的编辑工具。通过蒙皮技术，将角色模型与骨骼绑定，模拟现实中生物运动的方式，调整骨骼来带动模型。无论何种动画形式，符合动画运动规律都是最基本的要求。动画中，人物的表情口型、肢体运动，动物的爬行、飞翔，火焰的升腾、水的流动等都要符合自然规律。需要动画师认真研究，熟悉自然界各种事物的运动规律，这样动画制作的效果才会栩栩如生。

渲染输出：渲染输出是指对计算机 3D 环境中的模型、材质、贴图、灯光、动画等图形元素的综合计算，生成的一幅完整的二维画面或三维动画。要想输出高品质的三维动画或静帧作品，必须掌握软件中渲染器的设置。用于渲染输出的著名渲染器有扫描线 Scanline 渲染器、MetalRay 渲染器、V-Ray 渲染器、RenderMan 渲染器等。通常输出为 .AVI、.Mov、.Mpeg 类的视频格式或 .jpeg、.BMP、.tga 类的图像格式。

（3）后期合成

后期合成是指对前期已有的素材（图形、图像、视频、音频）进行艺术化的再加工，使其达到完美效果。后期合成在三维动画中有很重要的运用，首先是将前期做出的三维片段、音效等资料，依照剧本分镜头的设定，通过后期合成软件合成，最终合成影视三维动画文件。常用的后期合成与视音频剪辑软件有以下几种。

- After Effect
- Flame
- Combustion
- Edit/Effect/Paint
- 5D Cyborg

- Shake
- Commotion

三维动画的内容创作需要拥有多元的知识背景，它结合了美学、文学、戏剧、绘画、舞蹈等多个门类，汲取了多个学科、多种门类的精华，是人类艺术殿堂的明珠。此外，三维动画是一个群策群力的活动，在实际制作中需要遵循一定的工业流程，在团队成员的紧密配合下，才能得以完成。

3. 代表作品

《玩具总动员》　　　　　《海底总动员》　　　　　《功夫熊猫》　　　　《马达加斯加的企鹅》

4. 知名公司

皮克斯（PIXAR）

皮克斯，全名皮克斯动画工作室（Pixar Animation Studios），是国际知名的电脑电影制作公司。该公司总部位于美国加利福尼亚州埃默里维尔市（Emeryville）。该公司最早是美国卢卡斯电影公司旗下的工业光魔公司的电脑动画部，1986 年 8 月 17 日被史蒂夫·乔布斯（Steve Jobs）以 1000 万美元收购，正式成为独立制片公司，从此皮克斯开始享誉世界。皮克斯上映的影片很多在电影届皆是有口皆碑的，并且荣获殊荣。如 1995 年《玩具总动员》、1998 年《虫虫危机》、1999《玩具总动员 2》、2001 年《怪兽电力公司》、2003 年《海底总动员》、2004 年《超人总动员》、2006 年《赛车总动员》、2007 年《美食总动员》、2008 年《机器人总动员》、2009 年《飞屋环游记》、2010 年《玩具总动员 3》、2011 年《赛车总动员 2》、2012 年《勇敢传说》、2013 年《怪兽大学》、2015 年《头脑特工队》。此外，计划上映的还有2016 年的《海底总动员 2》和《墨西哥亡灵节》等。

皮克斯动画工作室（Pixar Animation Studios）

华纳兄弟（Warner Bros.）

华纳兄弟全称为华纳兄弟娱乐公司（Warner Bros. Entertainment, Inc），它是全球规模最大的电影、电视娱乐制作公司。该公司成立于 1923 年 4 月 4 日，在美国是继"派拉蒙电影公司"和"环球影业"之后的第 3 家历史悠久的电影公司。该公司的创建人为哈里·莫里斯·华纳（Harry M. Warner）、阿尔伯特·华纳（Albert Warner）、山姆·华纳（Sam Warner）和杰克·华纳（Jack Warner）四兄弟。公司总部分别位于美国纽约（New York）和加利福尼亚伯班克（Burbank）。华纳公司的经营范围包含了电影、电视节目、游戏、漫画等多个领域。代表作有《蝙蝠侠》系列、《超人》系列、《黑客帝国》系列、《哈利波特》系列、《指环王》系列、《霍比特人》系列、《地心引力》《盗梦空间》《星际穿越》等。

华纳兄弟娱乐公司（Warner Bros. Entertainment, Inc）

20 世纪福克斯（20th Century Fox）

20 世纪福克斯，全称为"20 世纪福克斯电影制片公司"（20th Century Fox Film Corporation），该公司成立于 1935 年 5 月，由美国福斯电影公司和 20 世纪影片公司合并而成。该公司总部位于加利福尼亚州洛杉矶比佛利山庄西侧世纪城。在好莱坞八大影业公司中，20 世纪福克斯成立最晚，现属于 21 世纪福克斯旗下，是美国主要的电影、电视节目发行和制作公司之一。代表作有 2011 年的《里约大冒险》《大象的眼泪》《X 战警》《猩球崛起》；2012 年的《冰河世纪 4——大陆漂移》《普罗米修斯》《少年派的奇幻漂流》；2013 年的《疯狂原始人》《极速蜗牛》《里约大冒险 2》；2014 年的《X 战警：逆转未来》《猩球崛起 2》《移动迷宫》等。

20 世纪福克斯电影制片公司（20th Century Fox Film Corporation）

梦工厂（DreamWorks Studios）

梦工厂，全称梦工厂工作室（DreamWorks Studios），该公司由史蒂文·斯皮尔伯格（Steven Spielberg）、杰弗瑞·卡森伯格（Jeffrey Katzenberg）和大卫·格芬（David Geffen）于 1994 年 10 月创立。公司总部位于美国加利福尼亚州好莱坞。梦工厂的产品除了 CG 电影，还包括电视、玩具、游戏、书籍等内容。2009 年梦工厂开始与迪斯尼合作。梦工厂的经典电影包括 2014 年的《机器人启示录》、2012 年的《林肯》、2011 年的《战马》《铁甲钢拳》《变形金刚》《关键第四号》、2009 年的《变形金刚 2》、2008 年的《热带惊雷》、2007 年的《理发师陶德》《变形金刚》、2006 年的《香水》《硫磺岛的来信》、2005 年的《宛如天堂》《辛巴达七海传奇》《世界大战》等。

梦工厂工作室（DreamWorks Studios）

迪斯尼

迪斯尼公司全称为华特迪斯尼公司（The Walt Disney Company），公司成立于 1923 年 10 月 16 日，总部位于美国洛杉矶的伯班克。创始人为动画大师华特·迪斯尼（Walt Disney）先生。迪斯尼公司是全世界收入第二高的电视广播及有线电视公司。迪斯尼的经营范围集中在动画、戏剧、音乐、出版及媒体等。迪斯尼的经典电影有《玩具总动员》《幻想曲》《白雪公主》《美女与野兽》《圣诞夜惊魂》《谁陷害了兔子罗杰》《木偶奇遇记》《狮子王》《小鸡快跑》《小鹿斑比》《小飞象》《小姐与流氓》《爱丽丝梦游仙境》《埃及王子》《小蚁雄兵》《星际宝贝》《钟楼驼侠》等。

华特迪斯尼公司（The Walt Disney Company）

5. 三维软件

- Blender
- AutoCAD
- RenderMan
- 3D Studio Max
- Maya
- Brazil
- Mental Ray
- Lightwave 3D
- Softimage
- Poser
- Bryce
- C4D
- Modo

6. 常用三维动画软件

Maya

Maya 是美国 Autodesk 公司出品的顶级三维动画软件，应用领域主要是专业的影视广告、动画、电影特技等，Maya 的渲染真实感极强，是三维动画中的高端制作软件。Maya 集成了最先进的动画及数字效果技术，不仅包括一般三维和视觉效果的制作功能，而且还与毛发、动力学、布料模拟等技术相结合。同时 Maya 还拥有强大的多边形建模技术，最新版本为 Maya 2015，它提高了性能，多线程支持可以充分利用多核心处理器的优势，新的着色工具和硬件着色大大增强了新一代主机游戏的外观。此外，在角色建立和动画方面也更具弹性。

Softimage|XSI

SOFTIMAGE 公司曾经是加拿大 Avid 公司旗下的子公司。后被美国 Autodesk 公司收购。Sofimage 是 Autodesk 公司旗下一款高端三维动画制作软件，早期运行于专业的图形工作站，特别擅长动画的制作。目前已经广泛应用于 PC 机。Sofimage 在动画制作中利用大量的动画技术展现出美轮美奂的视觉盛宴。它被世界顶级艺术家应用于影视制作中，代表作有《泰坦尼克号》《第五元素》《失落的世界》等。

ZBrush

ZBrush 是一个集数字雕刻和绘画功能为一体的 3D 软件,它强大的功能和直观的工作流程影响着整个 CG 行业。ZBrush 由 Pixologic 公司开发。ZBrush 在一个简易的界面中,为数字艺术家们提供了更快速、简洁的建模方式。它在激发艺术家创作灵感的同时,让他们感受到一种有别于传统建模,更加新颖的建模体验。它将 3D 动画中最复杂、最耗时的角色建模和贴图工作,变成了捏泥人似的简单操作。数字艺术家们可以通过鼠标或手绘板来控制软件笔刷,自如地雕刻想象中的模型。ZBrush 能够满足雕刻面数多达 10亿的多边形模型,可见对于三维的限制在这里仅取决于艺术家的想象力。

C4D

C4D,全称 CINEMA 4D,它的前身 FastRay 是德国 Maxon Computer 公司研发出品的三维绘图软件,它以快速的计算速度和强大的渲染引擎享誉国际,在各类电影特效中表现突出。C4D 包含建模、动画、渲染、粒子、角色以及绘画等模块。软件提供了一个完整的 3D 创作平台,其超强的建模功能,无论是初学者还是高手都非常适合使用。

1.2 3ds Max 软件介绍

1. 软件介绍

3D Studio Max,常简称为 3ds Max 或 Max,它是由美国 Autodesk 公司开发的,基于 Windows 操作系统的三维动画制作软件,其前身是基于 Dos 操作系统的 3DS。目前的最高版本是 3ds Max 2016。3D Studio Max 最开始运用在建筑表现领域以及电脑游戏中的动画与模型制作,后来逐渐开始参与电影的特效制作,例如《后天》《功夫》《X 战警 II》《最后的武士》等都运用了 3ds Max。时至今日,3ds Max 已经成为一款大型的三维动画制作工具。

2. 软件历史

(1)3ds Max 源于加拿大 Discreet Logic 公司研发的三维图形软件。

(2)1990 年美国 Autodesk 公司成立多媒体部,推出了 3D Studio 软件系统。

(3)1996 年 4 月,3D Studio Max 1.0 发布,该软件是 3D Studio 系列第一个 Windows 版本。

(4)1999 年,Autodesk 公司将加拿大的 Discreet Logic 公司并购,成立了 Discreet 公司。推出了3ds Max 4 系列专业级三维动画及建模软件。

(5)2002 年,Autodesk 公司发布了 3ds Max 5,加入了骨头工具和 UV 工具。

(6)2003 年,Autodesk 公司发布了 3ds Max 6,集成了 Mental Ray 渲染器。

(7)2015 年,Autodesk 公司发布了 3ds Max 2016,为当前最高版本。

3. 软件特点

(1)3ds Max 软件功能强大、扩展性好、插件众多。多边形建模技术功能强大,在角色动画方面具备强大优势。

(2)3ds Max 软件操作简单、容易上手,与 Maya、Softimage 相比,3ds Max 可以说是最易上手的 3D 软件。

(3)3ds Max 软件的文件格式和第三方软件兼容性较好,功能流畅。

(4)3ds Max 软件做出来的效果真实感很强。

(5)3ds Max 作为最早引入中国的三维动画软件,拥有很大的用户基础,初学者的学习资源非常丰富。

4. 应用领域

3ds Max 目前广泛应用于影视广告、建筑表现、工业设计、三维动画、游戏开发、仿真系统、辅助教学等领域。特别是景观动画与游戏领域,大部分公司选用的软件都是 Autodesk 3ds Max。

本章概述

本章是3ds Max基础操作部分，共分为两节。其中2.1节为二维图形建模部分，对二维图形的概念进行了定义，对可编辑样条线、文本样条线等内容进行了详解。2.2节为编辑修改器部分，对修改器等关键概念进行了介绍，对弯曲修改器、挤出修改器、倒角修改器、车削修改器、FFD修改器进行了详解。

核心知识点

❶ 可编辑样条线、文本样条线
❷ 修改器堆栈
❸ 常用修改器（弯曲、挤出、倒角、车削、FFD）

2.1 二维图形建模

二维图形是由一条或多条样条线组成的，而样条线是由点和线组成的，所以我们可以通过调节顶点和线段的参数来生成许多我们想要的二维图形，在此基础上通过施加一个或几个修改器命令，使其生成三维实体模型。

在"创建"面板中单击"图形"按钮，然后在下拉框中选择"样条线"图形类型，在这里出现 11 种对象类型，分别为线、矩形、圆、椭圆、弧、圆环、多边形、星形、文本、螺旋线和截面，如图 2-1 所示。

样条线在建模中运用很广泛，比如一些广告或产品上的立体数字装饰就可以用"文本"工具轻松实现。这里我们主要介绍线形样条线、文本样条线和螺旋线样条线，其他 8 种样条线都很简单，参数也很容易理解，就不再进行介绍。

图 2-1

2.1.1 线

线是建模中常见的一种样条线类型，其使用非常方便，约束性也小，可以随意控制它的形态，尖锐的或是圆滑的都可以很容易实现。

单击"线"按钮，下面就会出现线的 4 个卷展栏，分别是"渲染"卷展栏、"差值"卷展栏、"创建方法"卷展栏和"键盘输入"卷展栏，如图 2-2 所示。

- **"渲染"卷展栏**

展开"渲染"卷展栏，如图 2-3 所示。

"渲染"卷展栏参数介绍

在渲染中启用：勾选该选项可以渲染出样条线，不然将无法渲染样条线。

图 2-2

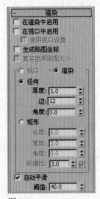

图 2-3

在视口中启用：勾选该选项，可以使样条线在视口中以网格的形式显示。

使用视口设置：该选项是"在视口中启用"的子层级，主要用于设置不同的渲染参数。

生成贴图坐标：该选项用来控制是否应用贴图坐标。

真实世界贴图大小：该选项控制应用于对象的纹理贴图材质所使用的缩放方法。

视口 / 渲染：勾选"在视口中启用"选项时，样条线将在视图中显示。要是同时选中"在视口中启用"和"渲染"时，样条线就可以同时在视口和渲染中显示。

径向：将 3D 网格显示为圆柱形对象，它包含三个子对象，分别为"厚度""边"和"角度"。"厚度"

是指样条线所显示的圆柱形对象的直径（默认值为1，范围是0~100）；"边"是指样条线所显示的圆柱形对象的边数或面数；"角度"是指控制样条线所显示的圆柱形对象的旋转位置。

矩形：将3D网格显示为矩形对象，它包含4个子对象，分别为"长度""宽度""角度"和"纵横比"。"长度"是指样条线所显示的矩形对象的长度（就是沿Y轴横截面的大小）；"宽度"是指样条线所显示的矩形对象的宽度（就是沿X轴横截面的大小）；"角度"是指控制样条线所显示的矩形对象横截面的旋转位置；"纵横比"是指控制样条线所显示的矩形对象的纵横比。

自动平滑：启用该选项可以控制下面的阈值，通过调整"阈值"的数值可以自动平滑样条线。

● "插值"卷展栏

展开"差值"卷展栏，如图2-4所示。

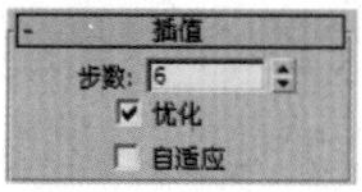

"插值"卷展栏参数介绍

步数：样条线步数可以自适应（即启用"自适应"自动设置），或手动指定。当"自适应"处于禁用状态时，使用"步数"可以设置每个顶点之间划分的数目（范围是0~100）。幅度越大的样条线需要更多步数才能显得平滑，而平缓曲线则需要较少的步数。

优化：启用此选项后，可以从样条线的直线线段中删除不需要的步数。启用"自适应"时，"优化"不可用。默认设置为启用。

自适应：启用此选项后，系统会自适应每个样条线的步数，以生成平滑曲线。

● "创建方法"卷展栏

展开"创建方法"卷展栏，如图2-5所示。

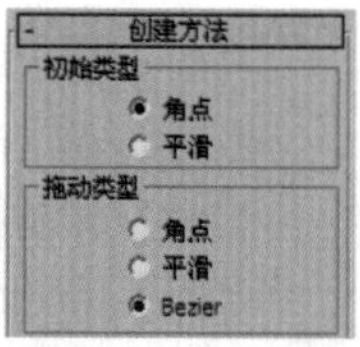

"创建方法"卷展栏参数介绍

初始类型：指定创建第一个顶点的类型，有角点和平滑两种类型（通过角点生成的是一个没有弧度的尖角，通过平滑生成的是一条平滑的、不可调节的曲线）。

拖动类型：指定拖曳创建顶点的类型，有角点、平滑和Bezier三种类型（通过角点生成的是一个没有弧度的尖角，通过平滑生成的是一条平滑的、不可调节的曲线，通过Bezier生成的是一条平滑的、可调节的曲线）。

● "键盘输入"卷展栏

展开"键盘输入"卷展栏，如图2-6所示。

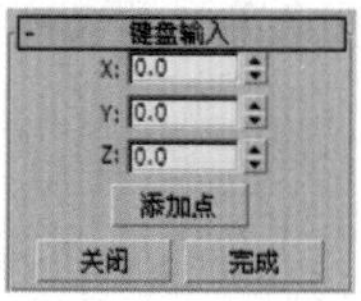

可以用键盘输入的方式来生成几乎所有的样条线。生成样条线的参数可以在"键盘输入"卷展栏中找到。"键盘输入"卷展栏包含初始创建顶点的"X""Y""Z"三个轴向上的坐标。在每个坐标中输入一定数值，然后单击"添加点"按钮即可完成样条线的创建。

2.1.2 文本样条线

文本样条线是一种特殊的二维图形，它将文本保持为可供编辑的数据，可以通过数值的输入实时改变文本的内容、尺寸、字符的间距、行距。并且，文本样条线可以应用修改器生成立体的模型，这些编辑修改区如编辑样条线、挤出、弯曲等。文本的参数如图2-7所示（"渲染"和"插值"卷展栏中，所有基于样条线的图形共享这些参数。有关这些参数的解释请参见2.1.1节）。

文本样条线重要参数介绍

斜体样式按钮 _I_：将文本转换为斜体文本。

下划线样式按钮 **U**：将文本转换为下划线文本。

左侧对齐 ：将文本对齐输入框左侧。

居中对齐 ：将文本对齐输入框中心。

右侧对齐 ：将文本对齐输入框右侧。

图2-4

图2-5

图2-6

图2-7

01
02

3ds Max 基础操作

03
04
05
06
07
08
09
10
11
12
13
14
15
16
17

对正对齐▓：平均分隔所有文本，强制对齐输入框两端。

大小：设置文本尺寸。首次输入文本时，默认单位为100。

字间距：调整字符间的距离。

行间距：调整文本行间的距离，该功能只有包含多行文本时才起作用。

文本编辑框：文本的输入编辑框，编辑框不支持自动换行，在每行文本输入完毕后按下 Enter 键开始下一行。可以从"剪贴板"中复制和粘贴文本。

更新：更新视口中的文本来对应编辑框中的状态。该功能仅当"手动更新"处于开启状态时可用。

手动更新：启用此选项后，键入编辑框中的文本需要单击"更新"按钮后才会在视口中显示。

2.1.3 螺旋线样条线

使用"螺旋线"可创建开口平面或 3D 螺旋形，其参数如图 2-8 所示（"渲染"和"插值"卷展栏中，所有基于样条线的图形共享这些参数。有关这些参数的解释请参见 2.1.1 节）。

图 2-8

螺旋线重要参数介绍

边：以螺旋线的一边为起点开始创建图形。

中心：以螺旋线的中心为起点开始创建图形。

半径 1：螺旋线起点的半径数值。

半径 2：螺旋线终点的半径数值。

高度：指定螺旋线的高度数值。

圈数：指定螺旋线起点与终点间的圈数。

偏移：强制在螺旋线的一端累积圈数。当高度值为"0"时，偏移的影响不起作用。

顺时针 / 逆时针：方向按钮设置螺旋线的旋转是逆时针还是顺时针。

2.1.4 扩展样条线

在图形 ◙ 中，单击下拉框 [样条线_____] 就会出现扩展样条线。扩展样条线共有 5 种，分别为"墙矩形样条线""通道样条线""角度样条线""T 形样条线"和"宽法兰样条线"，这些样条线的参数很简单，与基本样条线是相同的，大家可以自行尝试，如图 2-9 和图 2-10 所示。

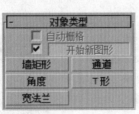

图 2-9

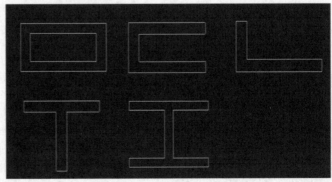

图 2-10

2.1.5 编辑样条线

虽然说 3ds Max 中已经有很多种二维图形，但还是不能够满足我们的全部需求，所以我们就需要能随自己的心意去修改，将样条线转换为可编辑样条线。

要生成可编辑样条线对象，有以下 3 种方法。

1. 右键单击堆叠显示中的形状项，然后选择"转换为：可编辑样条线"命令。

2. 在视口中右键单击对象，选择"转换为 > 转换为可编辑样条线"命令，如图 2-11 所示。

3. 首先在"创建面板"上关闭"开始新图形"，创建一个带有两个或多个样条线的形状。由两个或多个样条线组成的形状就是一个可编辑样条线。

将样条线转换为可编辑样条线后，可编辑样条线就包含 5 个卷展栏，分别为"渲染""插值""选择""软选择"和"几何体"卷展栏，如图 2-12 所示（"渲染"和"插值"卷展栏中，所有基于样条线的图形共享这些参数。有关这些参数解释请参见 2.1.1 节）。

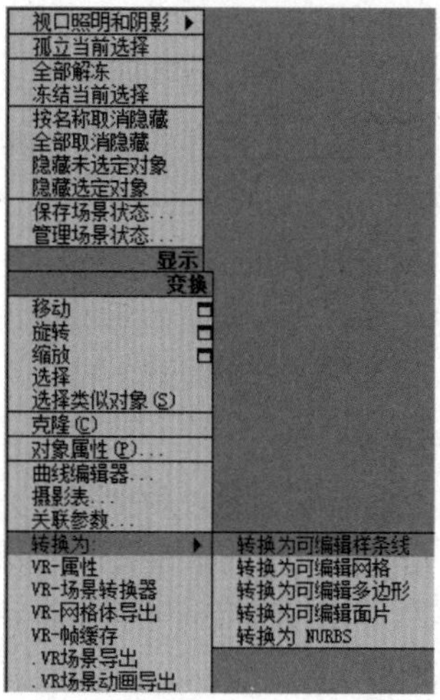

图 2-11 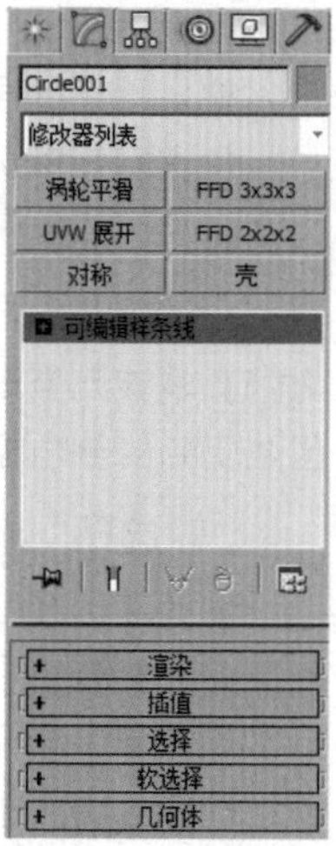　　　　　　　　　　　图 2-12

● "选择"卷展栏

"选择"卷展栏主要用来切换可编辑样条线的对象模式并访问相关功能，如图 2-13 所示。

"选择"卷展栏参数介绍

顶点：定义顶点和曲线切线。

线段：连接顶点间样条线的分段。

样条线：一个或多个相连线段的组合。

"命名选择"组

复制：将命名选择集放置到复制缓冲区里。

粘贴：从复制缓冲区内粘贴命名选择。

锁定控制柄：关闭该选项，每次只能变换一个顶点的切线控制柄。使用"锁定控制柄"控件可以同时变换多个 Bezier 和 Bezier 角点控制柄。

相似：拖动传入向量的控制柄时，所选顶点的所有传入向量将同时移动。同样，移动某个顶点上的传出切线控制柄将移动所有所选顶点的传出切线控制柄。

全部：移动的任何控制柄将影响选中的所有控制柄。处理单个 Bezier 角点顶点并且想要移动两个控制柄时，可以使用此选项。

区域选择：可供用户自动选择所单击顶点的特定半径中的所有顶点。

线段端点：通过单击线段进行对顶点的选择。

选择方式 选择方式... ：选择所选样条线或线段上的顶点。首先在子对象样条线或线段中选择一个样条线或线段。然后启用顶点子对象，选择单击"选择方式"，再选择"样条线"或"线段"。将选择所选样条线或线段上的所有顶点，如图 2-14 所示。

图 2-13

图 2-14

"显示"组

显示顶点编号：该选项可以显示样条线顶点的编号。

仅选定：该选项启用后，仅在所选顶点旁边显示顶点编号。

● "软选择"卷展栏

软选择是一种特殊的选择方式，它可以通过控制选择点、线、面等某一元素时，附带影响该元素周围的元素。这些元素如同被磁场包围了一样，距离选择元素越近的区域受到的影响越大，反之则越小，如图2-15所示。

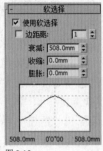

图 2-15

"软选择"卷展栏参数介绍

使用软选择：启用该选项后，软件将"样条线曲线变形"应用到周围未选定的子对象上。要产生效果，必须在变换或修改选择之前启用该复选框。

边距离：启用该选项后，将软选择限制到指定的面数，该选择在进行选择的区域和软选择的最大范围之间。

衰减：用以定义影响区域的距离，它是用当前单位表示的从中心到球体的边的距离。使用越高的衰减设置，就可以实现越平缓的斜坡。

收缩：沿着垂直轴提高并降低曲线的顶点。为负数时，将生成凹陷而不是点。设置为0时，收缩将跨越该轴生成平滑变换。默认值为0。

膨胀：沿着垂直轴展开和收缩曲线。受"收缩"限制，该选项设置"膨胀"的固定起点。"收缩"设为0并且"膨胀"设为1.0将会产生最为平滑的凸起。"膨胀"为负数将在曲面下面移动曲线的底部，默认值为0。

● "几何体"卷展栏

"几何体"卷展栏提供了编辑样条线对象和子对象的功能。它可以对可编辑样条线进行更加细致的调节，可以在编辑样条线对象层级中应用也可以在所有子对象层级中应用，如图2-16所示。

图 2-16

"几何体"卷展栏参数介绍

"新顶点类型"组

线性：新顶点将拥有线性切线。

平滑：新顶点将拥有平滑切线。

Bezier：新顶点将拥有Bezier切线。

Bezier角点：新顶点将拥有Bezier角点切线。

创建线 创建线 ：向所选对象添加更多样条线，创建方式与创建线形样条线的方法一样。

断开 断开 ：该选项可提供对所选取的样条线进行拆分。

附加 附加 ：该选项可将场景中其它样条线或图形对象吸收进来。

附加多个 附加多个 ：单击该选项弹出"附加多个"对话框，该对话框包含场景中所有图形对象的列表，可供用户进行多个图形对象的拾取。

重定向：该选项启用后将重新定向附加的样条线。

横截面 ：该选项提供在横截面形状外面创建样条线框架。

"细化"组

优化 优化 ：允许用户在样条线上增添顶点，该设置不更改样条线的曲率值。

连接：该选项通过连接新顶点创建一个新的样条线子对象。

线性：该选项启用时，样条线中的所有顶点为"角点"类型的顶点。当该选项禁用时，样条线的顶点为"平滑"类型的顶点。

绑定首点：对创建的第一个顶点绑定到所选线段的中心。

闭合：启用后，连接新样条线中的第一个和最后一个顶点，创建一个闭合样条线。如果禁用"关闭"，"连接"将始终创建一个开口样条线。

绑定末点：该选项启用后能够让细化操作中创建的最后顶点约束到所选择的线段中心。

"端点自动焊接"组

自动焊接：启用该选项后，会自动焊接阈值距离内的端点和顶点。

阈值距离：阈值又叫临界值，阈值距离微调器用于控制在自动焊接顶点之前，顶点可以与另一个顶点接近的程度。

焊接 焊接 ：能够将所选定的多个顶点合并成为一个顶点。

连接 连接 ：能够在两个顶点间生成一个线性线段。

插入 插入 ：能够在图形中插入单个或多个顶点。

设为首顶点 设为首顶点 ：选定图形中某一顶点为第一个顶点。

熔合 熔合 ：将所选定的多个顶点汇聚到一个位置。

相交 相交 ：能够在两条样条线相交的位置添加顶点。

圆角 圆角 ：让选择的顶点通过增加顶点生成圆形倒角。

切角 切角 ：可以用此命令对选择的角进行切角操作。

轮廓 轮廓 ：为选定的图形生成副本，图形副本距离偏移量由"轮廓宽度"微调器指定。

中心：若关闭该选项，原样条线则保持不变，而仅一侧的轮廓线偏移到"轮廓宽度"指定的距离。若开启该选项，原样条线和轮廓线将同步向两侧移动，移动的距离由"轮廓宽度"指定。

布尔 布尔 ：一种图形计算方式，能够将多条样条曲线进行"相加""相减""相交"的组合计算。

并集 ：该选项能够将2个重合的图形重组成一个图形文件，重组后的图形重合后的部分被移除，不重合的部分被保留下来。

差集 ：该选项能够将两个图形相减，先选择的图形减去后选择图形，重叠的地方会被移除。

相交 ：该选项能够保留两个图形重叠的部分，不重叠的部分会被移除。

镜像 镜像 ：沿着某一方向对图形进行镜像复制。

复制：对图形进行克隆。

以轴为中心：以图形对象的轴点为中心对其进行镜像。该选项禁用后，则以几何体中心为轴心进行镜像。

分离 分离 ：将所选的元素从整个二维图形中单独脱离开来。

重定向：旋转并移动要分离的图形，使它的局部坐标系与原始图形的局部坐标系对齐。

复制：分离后的图形可有一个克隆对象作为备份。

2.2 可编辑修改器

"修改"命令面板是 3ds Max 中一个十分重要的内容，在对模型进行编辑时经常会用到这个部分。可编辑修改器堆栈是"修改"命令面板中的一个重要构成，也是我们学习建模必须要掌握的知识。

修改器堆栈

切换到"修改"面板，就可以看到修改器堆栈中的工具，如图 2-17 所示。

使用按钮介绍

锁定堆栈 ：单击该选项能够将堆栈和"修改"面板上的所有控件锁定到所选定对象上。即便视口中选择了另一对象，也可继续对锁定堆栈的对象进行编辑。

图 2-17

显示最终效果 ⬛：单击该选项后，会在选定对象上显示全部修改器作用后的效果。禁用此选项后，仅会显示当前高亮修改器作用后的效果。

使惟一 ⬛：使对象惟一，或者使修改器对于所选定的对象惟一。

移除修改器 ⬛：单击该选项后将从堆栈中移除所选择的修改器。

配置修改器集 ⬛：单击该选项后将弹出一个面板，通过该面板用户可以自定义面板中显示的修改器选项。

2.3 修改器堆栈使用基础知识

堆栈的功能非常灵活。选择堆栈中的选项，返回到进行修改的那个状态，就可以重新编辑了。暂时禁用修改器或移除修改器，就会回到模型最初始的状态。用户可以为对象赋予多个修改器，同一个修改器也可以应用到多个对象上。当开始为对象应用编辑修改器时，修改器会以应用它们时的顺序依次加载到堆栈的列表中。

为对象添加编辑修改器只需用户选中一个物体，进入修改面板，单击"修改器列表" 修改器列表 ⬛，就能够在下拉栏中为物体指定修改器了，如图 2-18 所示。

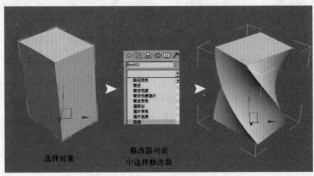

选择对象　　　修改器列表中选择修改器

图 2-18

常用修改器

通过对上述编辑修改器基础命令的学习，相信读者对编辑修改器已经有了一个概要性的了解，下面将为读者介绍几种使用频率很高的修改器命令。

1. 弯曲修改器

"弯曲"修改器可以让选中的对象围绕着"x""y""z"任一轴向产生均匀的弯曲变形。可以自如的控制几何体弯曲的角度和方向。也可以通过应用"限制"，对几何体中的任意一段进行限制弯曲。该修改器常用于制作软管、通道、植物、或带有弯曲变形特征的物体，如图 2-19 所示。

添加了"弯曲"修改器后，"修改"面板中将会出现该项修改器的编辑参数，如图 2-20 所示。

弯曲修改器参数介绍

"弯曲"组

角度：设置可供对象弯曲的幅度。

方向：设置可供对象弯曲相对于水平面的方向。

"弯曲轴"组

X/Y/Z：指定要弯曲的轴，默认设置为 Z 轴。

3ds Max动画案例高级教程

"限制"组

限制效果：限制约束应用于弯曲后的效果。

上限：用于控制从弯曲中心到物体顶部弯曲约束边界的范围值，超出此界限弯曲便不再作用几何体。

下限：用于控制从弯曲中心到物体底部弯曲约束边界的范围值，超出此界限弯曲不再作用几何体。

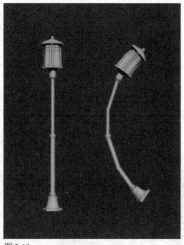

图 2-19

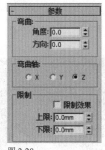

图 2-20

2. 挤出修改器

"挤出"修改器可以附加到 **2D** 图形对象上，让它以 **3D** 立体化的方式呈现，如图 **2-21** 所示。

添加了"挤出"修改器后，"修改"面板中将会出现该项修改器的编辑参数，如图 **2-22** 所示。

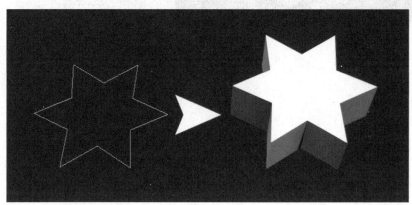

图 2-21

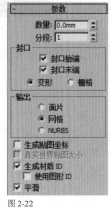

图 2-22

挤出修改器参数介绍

数量：设置挤出的高度。

分段：设置在挤出对象中生成的线段数目。

"封口"组

封口始端：在挤出对象初始端生成平面。

封口末端：在挤出对象结束端生成平面。

变形：以可预测、可重复模式下安排封口面，这是创建渐进目标所必要的。

栅格：在图形边界上的方形修剪栅格中安排封口面。

"输出"组

面片：生成一个可供折叠到面片对象中的对象。

网格：生成一个可供折叠到网格对象中的对象。

NURBS：生成一个可供折叠到 NURBS 对象中的对象。

生成贴图坐标：将贴图坐标生成于挤出对象中。

生成材质 ID：将材质 ID 赋予挤出对象的不同部位。

使用图形 ID：使用挤出样条线中指定给线段的材质 ID 值，或使用挤出 NURBS 曲线中的曲线子对象。

平滑：让挤出模型以平滑的方式显示。

3. 倒角修改器

"倒角"修改器能够让 2D 图形通过挤出生成 3D 模型，并在挤出的边缘上形成平角或圆角。常用用于创建 3D 文本和标志，可应用于任意图形，如图 2-23 所示。

添加了"倒角"修改器后，"修改"面板中将会出现该项修改器的编辑参数，如图 2-24 所示。

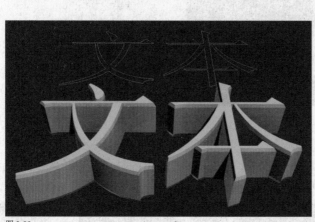

图 2-23

图 2-24

倒角修改器参数介绍

"封口"组

始端：对倒角对象的始端进行封口。

末端：对倒角对象的末端进行封口。

"封口类型"组

变形：为变形生成适合的封口曲面。

栅格：在栅格图案中生成封口曲面。

"曲面"组

线性侧面：选取该项后，级别之间可以顺着一条直线进行分段插补。

曲线侧面：选取该项后，级别之间可以顺着一条 Bezier 曲线进行分段插补。

分段：在每个级别之间设置分段数值。

级间平滑：控制是否将平滑组应用于倒角对象的侧面。封口将使用与侧面不一样的平滑组。

生成贴图坐标：启用该选项后，能够将贴图坐标作用于倒角对象。

"相交"组

防止从重叠的临近边产生锐角。

避免线相交：防止轮廓彼此之间的相交。

分离：设置边与边之间所保持的距离。

"倒角值"卷展栏

起始轮廓：设置轮廓从原始图形的偏移距离。正值会让轮廓增大，负值会让轮廓减小。

级别 1：包括两个参数，它们表示起始级别的变化。

高度：设置级别 1 在起始级别以上的距离。

轮廓：设置级别 1 的轮廓到起始轮廓的偏移距离。

级别 2 和 级别 3 是可选的并且允许改变倒角量和方向。

级别 2：在级别 1 之后增添的一个级别。

高度：设置级别 1 之上的距离。

轮廓：设置级别 2 的轮廓到级别 1 的轮廓间偏移的距离。

级别 3：在前 1 级别之后增添 1 个级别。如未启用级别 2，级别 3 添加于级别 1 之后。

高度：设置到前 1 级别之上的距离。

轮廓：设置级别 3 的轮廓到前一级别轮廓的偏移。

4. 车削修改器

车削修改器是通过绕轴旋转一个 2D 图形或 NURBS 曲线来生成一个 3D 对象，如图 2-25 所示。

添加了"车削"修改器后，"修改"面板中将会出现该项修改器的编辑参数，如图 2-26 所示。

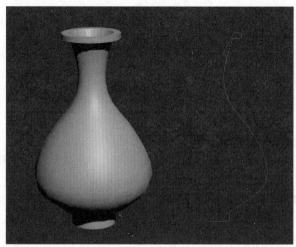

图 2-25

图 2-26

车削修改器参数介绍

度数：确定对象绕轴旋转的度数。

焊接内核：将旋转轴中的顶点进行焊接来简化网格。

翻转法线：通过翻转发现实现模型内部表面的外翻。

分段：设置在曲面上创建插补线段的数量，数值越高曲面越平滑。

"封口"组

封口始端：封口设置的度数小于 360°的车削对象的开始点，并形成封闭的图形。

封口末端：封口设置的度数小于 360°的车削的对象结束点，并形成封闭的图形。

变形：根据生成变形目标所需要的可预见性且可重复的模式设置封口面。

栅格：在图形边界上的方形修剪栅格中设置封口面。

"方向"组

X/Y/Z：相对对象的轴心点所旋转的方向。

"对齐"组

最小 / 居中 / 最大：将旋转轴对齐图形的最小、居中或最大的范围。

"输出"组

面片：输出一个能够折叠到面片对象的对象。

网格：输出一个能够折叠到网格对象的对象。

NURBS：输出一个能够折叠到 NURBS 对象的对象。

生成贴图坐标：车削的对象自动生成贴图的坐标。

真实世界贴图大小：该对象纹理贴图所采用的缩放方式。

生成材质 ID：车削的对象自动生成不同的材质 ID。

使用图形 ID：将材质 ID 指定给在挤出产生的样条线中的线段，或指定给在 NURBS 挤出产生的曲线子对象。

平滑：让车削生成的对象拥有平滑的属性。

5. FFD 修改器

FFD 修改器是"自由形式变形"修改器。该编辑修改器的特点是通过使用晶格框包裹住被选中的网格模型。通过控制修改器晶格子物体的控制点，能够改变网格模型的形状。FFD 自由形式变形修改器共有五种类型，每种类型配置了不同的晶格数目。它们分别是"FFD2x2""FFD3x3"和"FFD4x4""FFD 圆柱体""FFD 长方体"，如图 2-27 所示。

FFD 修改器虽说种类挺多，但其使用方式基本相同，这里就以 FFD（长方体 / 圆柱体）修改器为例进行讲解。

修改器堆栈如图 2-28 所示。

图 2-27　　　　　　　　图 2-28

控制点：该选项提供选择 FFD 晶格的操控节点。

晶格：晶格是一个组包裹住几何体的矩形框架，通过对它们的移动、旋转和缩放能够影响被包裹物体的几何外观。

设置体积：该选项能够选择并操控控制点而不改变修改对象。其功用在于对晶格外观进行更精确的定义。

FFD 修改器参数介绍（如图 2-29 所示）

"尺寸"组

晶格尺寸：该选项控制晶格的大小。

设置点数：该选项能够控制晶格的长度、宽度和高度的数值（如图 2-30 所示）。定义晶格中所需控制点的数目后，通过单击"确定"进行更改。

图 2-29

图 2-30

"显示"组

晶格：将联接控制点的线条以栅格的方式显示。

源体积：晶格与控制点能够以未修改的状态显示。

"变形"组

仅在体内：仅仅处于源体积内的顶点会发生变形。

所有顶点：所有的顶点无论其位于源体积内部或外部，都会发生形变。形变结果受制于"衰减"微调器中的数值。

衰减：决定着 FFD 效果减少为"0"时离晶格的距离。

张力 / 连续性：调整变形的张力和连续性。

"选择"组

全部 X、全部 Y、全部 Z：选中沿着由该按钮所指向局部维度的全部控制点。

"控制点"组

重置：将所有控制点的位置初始化。

全部动画化：能够将控制器指定给全部的控制点，让其在轨迹视图中可视。

与图形一致：在对象中心控制点位置之间沿直线延长线，将每一个 FFD 控制点移到修改对象的交叉点上。

内部点：只是对受"与图形一致"影响的对象内部点起作用。

外部点：只是对受"与图形一致"影响的对象外部点起作用。

偏移：受"与图形一致"影响的控制点偏移对象曲面的距离。

About：单击该选项将弹出版权信息和授权信息。

本章概述

本章为3ds Max建模技术部分，共分为3节。其中 3.1节为网格建模部分，3.2节为面片建模部分，3.3 节为多边形建模部分。建模是CG动画中首先要解决 的重要问题，上述3种建模技术是3ds Max重要的模 型生成手段。它们几乎能够完成所有的三维建模需 求。本章对上述3种建模技术进行了技术详解。

核心知识点

❶ 网格建模
❷ 面片建模
❸ 多边形建模

3.1 网格建模

网格建模技术属于图形学中的几何体建模，它通过三边和四边构造出立体的模型。善于表现用于效 果展示的游戏、建筑、生物等模型，不善于表现要求精准的工业模型或结构复杂的曲面模型。3ds Max 编辑修改器列表中"编辑网格"与"编辑多边形"的命令和参数有部分类似，重复的命令和工具可相互 对照参考。

要生成可编辑网格对象，请执行以下操作。

1. 右键单击选择的对象，并从"转化为"选项中选择"转化为可编辑网格"。

2. 将相应的编辑修改器应用到所选对象，使其转变为堆栈中的网格对象，然后进行塌陷。

3. 在编辑修改器列表中，选择"编辑网格"或"网格选择"修改器应用到所选对象。

编辑网格对象

网格建模通过编辑其子对象来进行建模，编辑网格包含了 5 个子对象，分别为"顶点""边""面""多 边形"和"元素"，如图 3-1 所示。

顶点■：选择一个顶点时单击相应顶点；区域选择时选择区域内的顶点。

边■：选择闭合或单个边单击相应面或多边形的边；区域选择时拖动鼠标选择多条边。

面■：选择单个面单击三角形面；区域选择拖动鼠标将选择区域内的多个三角形面。

多边形■：选择光标下的所有与此面共面的面。

元素■：选择对象中所有连续的面。效果与区域选择相同。

编辑网格的参数面板分为 4 个卷展栏，分别是"选择""软选择""编辑几何体"和"曲面属性"，如图 3-2 所示。

"选择"卷展栏介绍

展开"选择"卷展栏，会出现一系列相关参数，如图 3-3 所示。

图 3-1

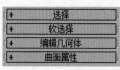
图 3-2

图 3-3

按顶点：在当前层级使用您所选择的顶点。应用的子对象层级除了"顶点"，也适用于"区域选择"。

忽略背面：只选择法线在视口中可见的子对象。不勾选该选项时，所有的子对象都可以被选择。

忽略可见边:定义"多边形"选择集时，该复选框将可使用。单击一个面，当禁用"忽略可见边"时，无论如何设置"平面阈值"微调器，选择不会超出可见边；当启用该功能时，"平面阈值"作为指导，面的选择将忽略可见边。

平面阈值：指定阈值的值，该值决定"多边形"选择集中共面的面。

显示法线：勾选该选项，视口中将显示蓝色的法线。在"顶点"与"边"模式中不可用。

比例："显示法线"复选框需处于启用状态，用来指定法线的大小。

删除孤立顶点：勾选该选项，删除连续选择的子对象时，将消除其中的任何孤立顶点。禁用状态下，删除选择会保留所有顶点。

隐藏：隐藏除点与边之外任何选定的子对象。

全部取消隐藏：全部还原已隐藏对象。

命名选择：根据命名的不同，对不同对象进行选择。这些对象必须在相同子对象级别，且属于同一类型。例如，两个可编辑网格对象，先在其中一个对象的边级别进行选择，在工具栏中为这个选择集命名；然后单击"复制"，从弹出的选择框中选择刚创建的选择集，进入另一个网格对象的边级别，单击"粘贴"，刚才复制的选择会添加到当前对象的边级别。

"软选择"卷展栏介绍

与编辑样条中"软选择"类似，可参考 2.1.5 节编辑样条线中的"软选择"卷展栏。

"编辑几何体"卷展栏介绍

展开"编辑几何体"卷展栏就会出现一系列参数，如图 3-4 所示。

删除：删除选择的对象。

附加：从名称列表中选择或直接单击需要合并的对象，可以一次合并多个对象。

分离：为每一个选定的面生成新的顶点，使其与原始相连顶点分离，形成可移动面。如果顶点是孤立的或者只有一个面使用，将不受影响。

改向：将对角面中间的边转向，改变对角方式，进而改变三角面的划分方式。一般用来解决不正常的扭曲裂痕效果。

挤出：给选择的面添加一个厚度参数，使它突出或凹入表面。厚度值由后面的数值决定。

倒角：对选择面进行挤出成形。

法线：若操作对象为一组面片，单击"组"按钮，选择面片将沿着面片组平均法线方向进行挤出；单击"局部"按钮，面片将沿着自身法线方向挤出。

切片平面：一个方形的平面，可通过移动或旋转来改变剪切对象的位置。

切片：在切片平面位置剪切选择的对象。

剪切：通过在边上添加点将子对象进行细分。单击该按钮后，在需要细分的边上单击，然后对需要细分的边依次单击。

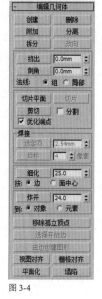

图 3-4

分割:在边上添加点来对子对象进行分割。单击该按钮后,在需要分割的边上单击,然后单击下一个边。

优化顶点：该选项可使相邻的面之间进行平滑过渡。

焊接：在顶点之间进行焊接操作，要求在三维空间内确定顶点位置。

选定项：将在焊接阈值微调器指定的公差范围内，对选定的顶点进行焊接。

目标：在视图中将选择的点拖动到与其焊接的顶点上，进行自动焊接。

细化：根据边或面的细分方式对选择表面进行分裂复制，产生更多的表面，多用于面的平滑处理。

边：以进行细化面的边为依据进行分裂复制。

面中心：以选择面的中心进行分裂复制。

炸开：将选择面爆炸分离，跟据对象或元素进行炸开而获得不同的结果。

对象：将所有选择的面爆炸为单个独立的对象。

元素：将所有选择的面爆炸为各自独立的新元素，但仍从属于对象本身，这是元素拆分的一个途径。

移除孤立顶点：删除所有孤立的点，不管单击按钮时是否选择该点。

选择开方边：将选择对象的边缘线。

由边创建图形：将选择的边独立出来使用。先选择一个或多个边，然后单击此按钮，将选择的边为对象创建与其相同的曲线。

视图对齐：选择的对象将被放置在平行视图的同一平面。

栅格对齐：选择的子对象将被放置在同一个平行于视图的栅格平面。

平面化：将所有的选择面强制压成一个平面。

塌陷：将选择的多个顶点塌陷为一个，并产生新的表面。

"曲面属性"卷展栏介绍

1. 将子对象定义为"顶点"，出现的卷展栏如图3-5所示。

图3-5

权重：显示且能够改变非均匀有理B样条的顶点权重。

编辑顶点颜色：设置顶点颜色、照明颜色和顶点的"透明"值。

颜色：可改变选择顶点的颜色。

照明：可改变顶点的照明颜色。

Alpha：给选择的顶点设置Alpha(透明)值。0表示完全透明，100表示完全不透明。

颜色、照明：两者只能选择其中一个，按照顶点颜色值或顶点照明值进行选择。

范围：指定的颜色匹配范围。

选择：选择所有顶点应该满足以下条件，这些顶点颜色值或照明值要么匹配色样，要么在RGB微调器指定的范围内。需要满足哪个条件取决于选择哪个单选按钮。

2. 将选择子对象设置为"边"，出现的卷展栏如图3-6所示。

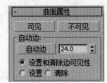

图3-6

可见：使选择的边可见。

不可见：使选中的边不可见

自动边：依据有共同边的两面之间的角度来确定边的可见性，两面之间的夹角可在该选项右侧的阈值微调器进行设置。

设置和清除边可见性：依据自动边夹角阈值微调器的设定，决定选定边是否可见。

设置：当选择的边大于阈值时，可见边变为不可见，但不清除任何边。

清除：当选择的边小于阈值时，不可见的边变为可见。

3. 将子对象设定为"面""多边形"或"元素"，出现的卷展栏如图3-7所示。

图3-7

翻转：将选定面片的法线进行反向。

统一：对曲面的法线进行翻转，使它们的方向相同。

翻转法线模式：对选定曲面的法线进行翻转。

设置ID：对选择的面片设置ID号，进行贴图时便于赋予多维/子对象材质。

选择ID：输入数字，单击"选择ID"，选择与指定的"材质ID"对应的对象。

清除选择：勾选该选项后，若选择新的ID或材质，先前选定的所有子对象将被取消。

按平滑组选择：用来显示选定曲面的平滑组。单击相应编号可选择组。

清除所有：可删除选定面片中所有的平滑组。

自动平滑：根据面片间的夹角自动设置平滑组。当两个相邻面片的法线夹角小于自动平滑值时，两者处于为一个平滑组。

颜色：改变选定面中各顶点的颜色，并防止两个面之间的融合。

照明：改变选定面中各顶点的照明颜色。

Alpha：向选定面的顶点设置 Alpha（透明）值。

3.2　面片建模

　　面片是 Bezier 面片的简称。面片建模是 3ds Max 的一种表面建模技术，可与二维图形相结合生成三维几何体。面片建模不是对面的直接编辑，而是通过对其边界进行定义，即通过对边界的位置和方向的编辑来决定面片的形状。Bezier 技术会使面片的内部变得光滑。面片建模的优点是能用较少的面表示出光滑的表面效果，更接近模拟对象的形状。不足在于这种建模技术本身的建模流程稍显烦琐，如用户习惯使用特定的方式建模，这些局限性就会出现问题。一般从基本几何体或面片网格开始面片建模，使用面片编辑器命令时，可将多边形模型转变成面片。

编辑面片对象

　　面片建模技术在 3ds Max 中通过"可编辑面片"工具来实现建模。可编辑面片包含 5 个子对象，分别为"顶点""边""面片""元素"和"控制柄"，如图 3-8 所示。

　　顶点：用来选定面片中的顶点及向量控制柄。可对顶点进行焊接和删除等操作。

　　边：用来选定面片的边，可对边进行细分或向开放的边添加新的面片。

　　面片：用来选定整个面。可以对面片进行分离或删除操作，或对曲面进行细分。

　　元素：选择和编辑元素整体。

　　控制柄：用来选择与顶点的向量控制柄。不用处理顶点，可直接操纵控制柄。

　　可编辑面片的参数面板共有 4 个卷展栏，分别是"选择""软选择""几何体"和"曲面属性"，如图 3-9 所示。

图 3-8

图 3-9

"选择"卷展栏介绍

　　展开"选择"卷展栏就会出现一系列参数，如图 3-10 所示。

　　复制：将命名的对象放到复制缓冲区。

　　粘贴：从复制缓冲区中粘贴前面复制的的命名子对象。

　　顶点：启用该选项时，可以选择和移动顶点。

　　向量：启用该选项时，可以选择和移动向量。

　　锁定控制柄：只影响模式为"角点"的顶点。启动时会将顶点的切线向量锁定，移动其中一个向量时其他向量会随之移动。只有处于"顶点"层级时，才可以启用该选项。

　　按顶点：根据当前的子对象层级，单击某个顶点会同时选中与该顶点相关的控制柄、边或面片。只有处于"控制柄"、"边"和"面片"层级时，才可以启用该选项。

　　忽略背面：启用该选项时，只能选择视口中可见的对象。

　　收缩：取消选择的外部对象来缩小选择区域。处于"控制柄"层级时，该选项不可用。

　　扩大：向所有方向的外侧来增大选择区域。处于"控制柄"层级时，该选项不可用。

　　光环：只在"边"层级可用，扩展时要选择的边应该平行于该选定边。

图 3-10

循环：只在"边"层级可用，尽可能远的选择与选中边对齐的边。

选择开放边：只在"边"层级可用，选择的边只有一个面片使用。

"软选择"卷展栏介绍

"软选择"卷展栏，与编辑样条线中的类似，请参考 2.1.5 节中的"软选择"卷展栏。

"几何体"卷展栏介绍

展开"几何体"卷展栏，出现的参数如图 3-11 所示。

细分：对所选子对象进行细分，子对象仅限于边、面片和元素层级。

传播：细分过程将扩展到相邻面片，当细分是沿着连续的面片传播时，面片不会断裂。

绑定：将顶点数不同的两个面片进行无缝连接。只在"顶点"层级可用。

取消绑定：将通过"绑定"连接顶点断开。只在"顶点"层级可用。

添加三角形 / 添加四边形：为选定对象的开放边添加三角形或四边形。只在"边"层级可用。

创建：在几何体或以外的空间创建三边形面片或四边形面片。只在点、面片和元素层级可用。

分离：将对象中选定的一个或多个面片进行分离，形成单独的面片对象。只在面片和元素层级中可用。

重定向：勾选该选项时，已分离的面片会带有原来对象面片的位置和方向。

复制：勾选该选项时，已分离的面将会克隆成新的面片，进而使源面片保存完好。

附加：将其它面片对象与选择的面片附加到一起。

重定向：勾选该选项时，会重新定向附加对象的局部坐标系，使之与源面片的局部坐标系对齐。

删除：删除选择的对象，只在顶点、边、面片和元素级别可用。

断开：断开所选的子对象，使它们彼此分开。

隐藏：隐藏所选子对象，只在顶点、边、面片和元素层级可用。

全部取消隐藏：还原所有隐藏对象使之取消隐藏。

选定：焊接指定范围内的选定顶点。

目标：勾选该项后，可将一个顶点拖到另外一个顶点进行焊接。只在顶点层级可用。

挤出和倒角：可在边、面和元素层级，对其进行挤出和倒角操作。

法线：若选择"局部"，挤出时沿对象的边、面片或单独面片的各个法线方向；若选择"组"，挤出时沿着选定对象的平均法线。

轮廓：可以对选定的面片放大或缩小，正值为放大，负值为缩小。只在面片和元素层级可用。

倒角平滑：可设置倒角创建的面片和相邻面片之间的形状。只在面片和元素层级可用。

平滑：设置顶点控制柄，使面片间的角度变小。

线性：设置顶点控制柄来创建线性变换。

无：不修改顶点控制柄。

复制：将控制柄的相关参数复制到复制缓冲区。

粘贴：将前面复制缓冲区的信息粘贴到控制柄。

复制长度 / 粘贴长度：使用"复制"按钮时，控制柄的长度将被复制。使用"粘贴"按钮时，会粘贴已复制的控制柄长度及方向信息。不使用该选项时，只能复制和粘贴方向信息。

视图步数：设置面片模型的栅格分辨率。

渲染步数：渲染时控制面片的栅格分辨率。

显示内部边：在线框视口中显示面片的内部边。禁用时，只显示对象的外部轮廓；启用时，能够简化显示，并加速反馈。

使用真面片法线：决定平滑面片之间的边缘。

创建图形：创建基于边的样条线，只在边层级可用。

面片平滑：调整选择的对象顶点的切线控制柄，来对面片曲面进行平滑操作。

"曲面属性"卷展栏介绍

1. 将选择集设置为"顶点"，出现的卷展栏如图 3-12 所示。

颜色：单击色样可改变曲面顶点的颜色。

照明：单击色样可改变曲面顶点的照明颜色。该命令能够改变阴影颜色，而不改变顶点颜色。

Alpha：给选定的顶点设定 Alpha（透明）值。

颜色和照明单选按钮：用来设置选择顶点的方式，根据顶点颜色值或是顶点照明值。

选择：选择的顶点应满足如下条件之一，顶点的颜色值或照明值的色样相匹配，或顶点色样在 RGB 指定的范围中。

范围：设定颜色匹配的范围。

2. 将选择集定义为"面片"和"元素"时，出现的卷展栏如图 3-13 所示。

"曲面属性"卷展栏，与编辑网格中的类似，请参考 3.1.1 节中的"曲面属性"卷展栏介绍。

图 3-11　　　　　　　　　　图 3-12　　　　　　　　图 3-13

3.3 多边形建模

　　多边形（Polygon）建模是 3ds Max 中常见的建模方法。建模时需要先将选择对象转化为可编辑多边形，然后对可编辑多边形的子对象进行编辑，从而实现复杂物体的建模。多边形建模早期主要应用于游戏行业，发展到近期而被广泛应用，在 CG 行业中成为与 NURBS 建模同样重要的的建模方式。在多边形建模中，利用足够多的细节可创建任何想要的物体表面。大多数物体都可以使用多边形建模的方法进行建模，除了游戏和电影中的模型以外，建筑表现领域也多用多边形建模来实现建筑模型的构造。

3.3.1 编辑多边形对象

　　多边形建模在 3ds Max 中通过"可编辑多边形"工具来实现。可编辑多边形包含 5 个子对象，分别为"顶点""边""边界""多边形"和"元素"，如图 3-14 所示。

顶点：：启用该层级时，可对顶点进行选择。

边：启用该层级时，可对多边形进行选择，也可选择区域内的多个边。

边框：：启用该层级时，可对一系列边进行选择。

多边形：启用该层级时，可以对多边形进行选择。也可选择区域内的多个多边形。

元素：：启用该层级时，可一次选择连续多边形。区域选择用于选择多个元素。

图 3-14

"选择"卷展栏介绍

展开"选择"卷展栏就会出现一系列参数，如图 3-15 所示。

按顶点：勾选该选项时，只有通过选择的顶点，才可以选择子对象。

忽略背面：勾选该项时，只能选择视口中可见的部分。

按角度：勾选该项并选择多边形时，可根据复选框右侧的角度设置选择邻近的多边形。

收缩：取消选择最外部的子对象来对选择区域进行收缩，如图 3-16 所示。

扩大：朝子对象外侧扩展选择区域，如图 3-16 所示。

图 3-15

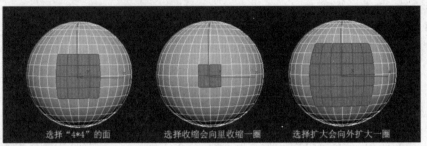

图 3-16

环形：选择所有平行于已选定的边。只应用于边和边界选择，如图 3-17 所示。

循环：选择所有与选定边在同一线上的边。如图 3-17 所示。

图 3-17

禁用：预览不可用。

子对象：仅在当前可编辑子对象层级可用。

多个对象：可在多个子对象层级预览。根据鼠标的位置可以在"顶点""边"和"多边形"子对象层级之间变换。

3.3.2　软选择卷展栏

展开"软选择"卷展栏，就会出现一系列参数，如图 3-18 所示。

"软选择"卷展栏中除了绘制软选择外，其他参数与编辑样条类似，请参考 2.1.5 节编辑样条线中的"软选择"卷展栏。

"绘制"软选择介绍

绘制：将顶点移入或移出选定的曲面。绘制的范围和方向由"选择值"决定。

松弛：将每个顶点移到所有邻近顶点的平均位置，来规格顶点间的距离。

复原：通过绘制逐渐对"绘制"或"松弛"的效果进行擦除。只能影响最近操作的顶点。

选择值：设置绘制的方向和范围。正值是将顶点"拉"出曲面，负值将顶点"推"入曲面。

笔刷大小：用来设置笔刷半径。只有笔刷内的顶点才会变形。

笔刷强度：设定笔刷"推/拉"值的速率。低"强度"值速率比高"强度"值速率慢。

笔刷选项：单击 ▆▆▆▆ 笔刷选项 ▆▆ 会打开"绘制选项"对话框，可在对话框中设置笔刷的参数，如图 3-14 所示。

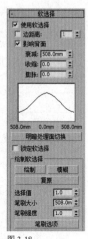

图 3-18

图 3-19

最小强度：设定笔刷绘制顶点的最小权重。

最大强度：设定笔刷绘制顶点的最大权重。

最小大小：为绘制 Gizmo 设置最小大小。

最大大小：为绘制 Gizmo 设置最大大小。

笔刷强度衰减曲线：该曲线图确定随着距笔刷中心的距离增大笔刷权重的衰减方式。该曲线图上的控件类似于"软变形"对话框上的控件。

相加：启用该选项后，笔刷的笔画将添加到现有顶点权重。

快速笔刷衰减类型：将笔刷衰减设置为线性、平滑、缓慢、快速或平坦。

绘制圆环：圆环作为绘制 Gizmo 的一部分出现。

绘制法线：法线箭头作为绘制 Gizmo 的一部分出现。

绘制轨迹：绘制显示曲面上笔刷笔画路径的轨迹（临时标记）。

法线比例：设置绘制 Gizmo 中法线箭头的比例。

标记：在法线标志的末尾显示圆形标记，跟随标记的值即设定的标记高度。

启用压力灵敏度：为绘制 Gizmo 笔刷启用压力灵敏度。

压力影响：设定受压力影像的笔刷效果，包括 4 个选项，"无""强度""大小"或"大小/强度"。

预定义强度压力：勾选该选项可预定义强度压力，单击右侧按钮查看和编辑强度压力曲线。

预定义大小压力：勾选该选项可预定义大小压力，单击右侧按钮查看和编辑大小的衰减曲线。

镜像：启用该选项以将绘制 Gizmo 镜像到对象的另一边。从下拉菜单中选择轴向，并绘制 Gizmo 关于选中的轴在世界坐标系中镜像。

偏移：通过指定的值偏移镜像平面。

Gizmo 大小：按照指定的值更改镜像 Gizmo 大小。

树深：决定用于碰撞测试的四元树的大小。"树深"相对于留给权重绘制的内存量大小。较大的值意味着更快的交互但也表示要使用更多的内存。

在鼠标向上移动时更新：按下鼠标键时防止系统更新视口，可以在工作流中节省时间。

滞后率：决定笔画更新绘制表面的频率。值越高代表更新表面的频率越低。

3.3.3 编辑几何体卷展栏

展开"编辑几何体"卷展栏，就会出现一系列参数，如图 3-20 所示。

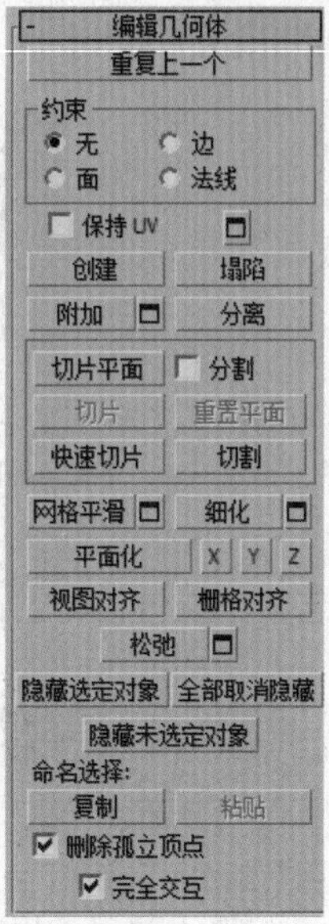

重复上一个：重复上一次使用的命令。

约束：可以使用现有的几何体约束子对象的变换。

保持 UV：勾选选项后，可在不影响子对象 UV 贴图的情况下对其进行编辑。

创建：创建新的几何体。

塌陷：将选择的顶点焊接，对选定的子对象进行塌陷（仅限于"顶点""边""边框"和"多边形"层级）。

附加：将选定对象与其它对象进行附加。

分离：将选定的子对象作为单独的对象或元素进行分离（仅限于子对象层级）。

切片平面：可对网格沿平面进行切割（仅限子对象层级）。

分割：启用该选项时，可使用"快速切片"和"切割"命令，在划分边处的点创建两个顶点集。

切片：在切片的平面位置进行切片。

重置平面：将"切片"恢复到默认值（仅限子对象层级）。

快速切片：可快速将选定对象进行切片操作。

切割：在一个或多个面内通过边的连线进行切割，即在多边形内创建边。

网格平滑：将选定对象通过添加线的方式进行平滑操作。

细化：用来细分选定对象的多边形。

平面化：以强制的方式将所有选择的对象共面。

视图对齐：将对象中的顶点与视口所在平面对齐。

栅格对齐：将选定对象的顶点与当前视图所在的平面对齐。

松弛：使选定对象松弛。

隐藏选定对象：隐藏任意所选子对象，在顶点、多边形和元素级别可用。

全部取消隐藏：还原所有隐藏子对象，在顶点、多边形和元素层级可用。

隐藏未选定对象：隐藏所有没有被选择的子对象，在顶点、多边形和元素级别可用。

命名选择："复制"和"粘贴"对象之间的命名选择集，在子对象层级可用。

删除孤立顶点：勾选该选项，在删除连续子对象选择时，将会删除孤立的顶点。在边、边框、多边形和元素层级可用。

完全交互：将"快速切片"和"切割"命令的反馈层级和所有的对话框进行切换。

图 3-20

3.3.4 编辑顶点卷展栏

展开"编辑顶点"卷展栏，出现的参数如图 3-21 所示。

移除：删除选中的顶点，并联接起使用它们的多边形。移除顶点与删除顶点的区别如图 3-22 所示。

图 3-21

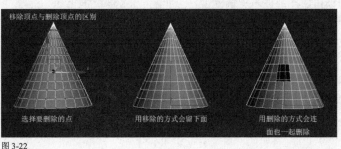

图 3-22

断开：给每个与选定顶点相连的多边形添加一个新的顶点，使它们与原来顶点不再相连。

挤出：单击该按钮，然后在选定顶点上垂直拖动光标，进行挤出操作。挤出时沿法线方向移动将创建新的多边形。挤出的面数与原来挤出顶点的多边形数目相同，如图 3-23 所示。

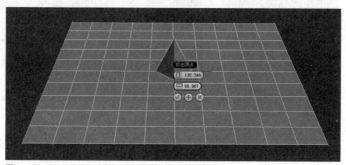

图 3-23

挤出高度▯：以当前场景为单位设定挤出的数量。根据数值的正负决定子对象的挤出是向内还是向外。

挤出宽度▱：以当前场景为单位设定挤出基面的大小。可自主设置高度，但不能超过顶点与挤出子对象的距离。

焊接：对设定的公差范围内连续的、选中的顶点，进行合并。

切角：单击此按钮，可以对选中的点进行切角，如图 3-24 所示。

图 3-24

目标焊接：先选择一个顶点，然后拖动这个顶点将它焊接到目标顶点，如图 3-25 所示。

连接：将选择的顶点连接，创建新的边。

移除孤立顶点：删除不属于任何多边形的顶点。

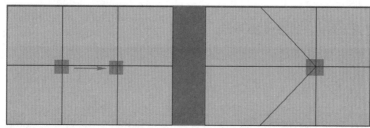

图 3-25

3.3.5　编辑边卷展栏

选择"边"层级，展开"编辑边"卷展栏，就会出现一系列参数，如图 3-26 所示。

插入顶点：为选定的边添加点，将其细化。

移除：移除选中的边，如图 3-27 所示。

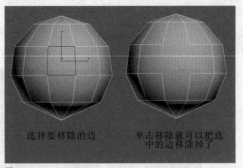

图 3-26

图 3-27

挤出：将选定的边沿着法线的方向挤出，生成新的形体，如图 3-28 所示。

挤出高度▣：高度的正值或负值决定挤出的对象向内或向外。

挤出宽度▢：可自主设置挤出高度，不能超出顶点与挤出子对象的距离。

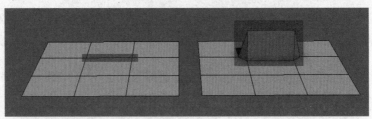

图 3-28

切角：对选定的边进行切角操作，主要是将尖锐的边切角成平滑的过度，如图 3-29 所示。

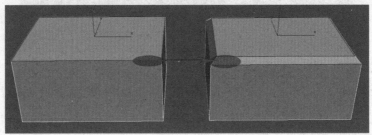

图 3-29

桥：用来连接已选定的边，如图 3-30 所示。

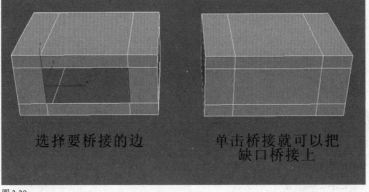

图 3-30

连接：在选定的边之间创建新的边，如图 3-31 所示。

分段 ：每个相邻选择边对之间的新边数。

收缩 ：缩小连接边之间的相对空间。当数值为负时，边的距离变得较近；当数值为正时，边的距离变得较远。

滑动 ：调整新边的相对位置。

利用所选内容创建图形：选择一个或多个边后，单击该按钮，可以根据选择的边创建新的样条线。

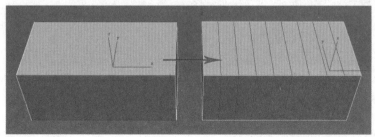

图 3-31

3.3.6 编辑多边形卷展栏

选择"多边形"层级，展开"编辑多边形"卷展栏，就会出现一系列参数，如图 3-32 所示。

插入顶点：用于手动在多边形上添加顶点，可以用于细化多边形。

挤出：选择要挤出的面，单击挤出按钮，选择的面会沿着法线的方向进行挤出。这个命令很常用，可以为模型添加更多的细节，如图 3-33 所示。

图 3-32

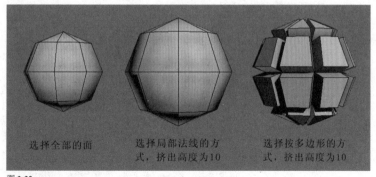

图 3-33

轮廓：用于增加或减小每组连续的选定多边形的外边。

倒角：选择多边形，对多边形进行挤出并进行倒角操作，如图 3-34 所示。

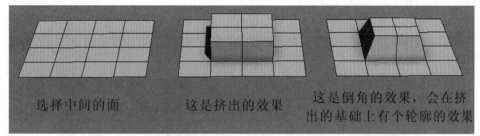

图 3-34

插入：单击此按钮，然后选定一个多边形并垂直拖动，可插入新的多边形并进行挤出操作。如图 3-35 所示。

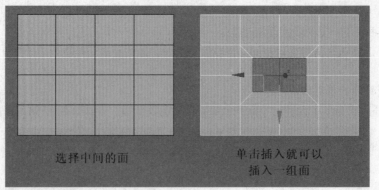

图 3-35

桥：连接选定对象的两个多边形，如图 3-36 所示。

沿样条线挤出：沿样条线挤出当前的选定的面。

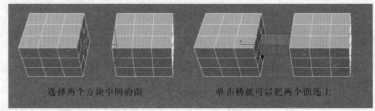

选择两个方块中间的面　　　　单击桥就可以把两个面连上

图 3-36

3.3.7 细分曲面卷展栏

展开"细分曲面"卷展栏，就会出现一系列参数，如图 3-37 所示。

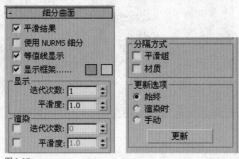

图 3-37

平滑结果：对所有的多边形应用平滑组。

使用 NURMS 细分：通过 NURMS 方式应用平滑。

等值线显示：勾选该选项时，模型只显示等值线，等值线即模型在平滑前的原始边。等值线的优点是减少混乱的显示，如图 3-38 所示。

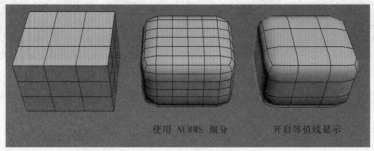

使用 NURMS 细分　　　　开启等值线显示

图 3-38

显示框架：在进行修改或细分操作前，可对可编辑多边形的两种颜色框的显示切换。

迭代次数：设置将多边形平滑时的迭代次数。每个迭代次数都利用上一个迭代生成的顶点来生成新的多边形。

平滑度：设置多边形的添加，用来平滑转角的尖锐程度。

平滑组：对面片进行平滑操作，不添加多边形。

材质：防止为不同"材质 ID"的面片之间的边创建新的多边形。

Chapter 04　3ds Max 材质技术

本章概述

本章为3ds Max材质技术部分。共分为两节，其中4.1节为材质编辑器，介绍了材质编辑器的基本用法及材质编辑器本身涉及的核心命令。4.2节为材质类型，介绍了标准材质、混合材质、顶底材质、多维子材质等高级材质的内容。

核心知识点

❶　材质编辑器
❷　材质的类型
❸　贴图的种类

4.1　材质编辑器

　　材质是 3ds Max 中很重要的一个概念，它可以真实感的表现出模型对象的反射、折射、透明、凹凸、自发光等属性。材质的贴图则可以模拟出逼真的纹理效果。我们生活的这个世界充满了丰富多样的材质，有的绚丽多彩，有的朴素简洁，有的光洁丝滑，给人的感觉真是千差万别。不管是多么复杂的材质，它们都有共同的特征。而这些特征构成了 3ds Max 材质编辑器中最基本的参数。当构建材质时，需要考虑灯光和材质的相互作用。学习材质后，我们通过关键参数的调节，就可以轻松模拟物体的质感了。

　　在 3ds Max 中的材质编辑器有两种模式，一种是精简材质编辑器，另一种是 Slate 材质编辑器。在材质编辑器模式下可以进行切换，这里以精简材质编辑器为例，如图 4-1 所示。

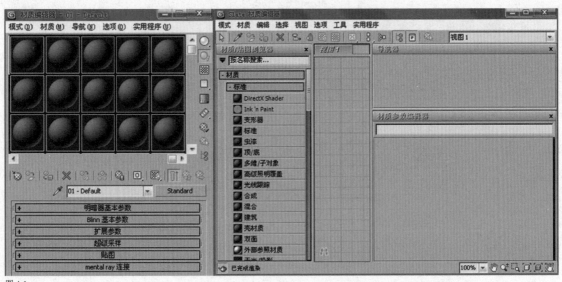

图 4-1

4.1.1　菜单栏

　　菜单栏包括 5 个菜单，分别是"模式"菜单、"材质"菜单、"导航"菜单、"选项"菜单和"实用程序"菜单。模式菜单上面已经介绍过了，这些菜单选项中有些部分是比较常用的，有些部分基本上用不到，这里我们选取常用项为大家进行讲解，如图 4-2 所示。

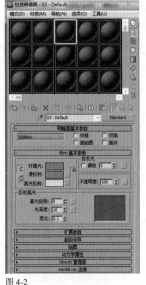

图 4-2

材质菜单

"材质编辑器"菜单位于"材质编辑器"窗口的顶部。材质菜单提供了调用各个材质编辑器的方法，其中最常用的"材质编辑器"如图 4-3 所示。

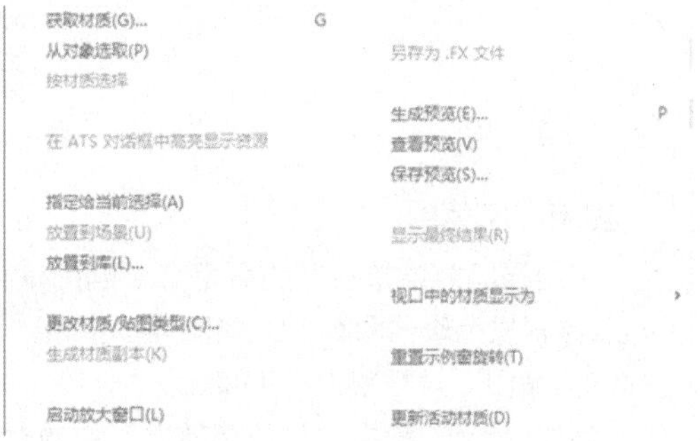

获取材质：该命令可用于显示材质 / 贴图浏览器，并选择材质或贴图。

从对象拾取：该命令可以从场景中的一个对象选择材质。

按材质选择：该命令能够根据"材质编辑器"中的材质选择相应对象。

图 4-3

指定给选择集：该命令能够将选定的材质赋给场景中选择的对象。同时，材质示例窗中的材质会变成热材质。

输出到场景：在将材质赋给所选对象后，对场景中的材质进行更新。

放入库：把选择的材质添加到库中。

更改材质 / 贴图类型：更改使用的材质类型或贴图类型。

启动放大窗口：该命令能够使材质实例窗口放大。

另存为 FX 文件：能够将所选材质另存为 FX 文件。

生成预览：可以使用动画贴图为场景添加运动，并生成预览。

查看预览：可以使用动画贴图为场景添加运动，并查看预览。

保存预览：可以使用动画贴图为场景添加运动，并保存预览。

显示最终结果：该命令能够显示所选择的级别的材质，而不显示其他材质和设定。

重置示例窗旋转：该命令可以将活动的示例窗中的对象重置为默认参数。

更新活动材质：该命令可更新所选示例窗中的材质。

导航菜单

"导航"菜单提供导航材质的层次的工具，如图 4-4 所示。

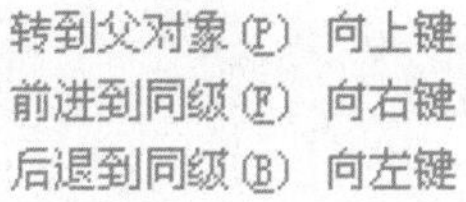

转到父对象：由当前层级移动到上一个层级。

前进到同级：在当前层级中，由一个贴图或材质移动到下一个贴图或材质。

转到父对象 (P) 向上键
前进到同级 (F) 向右键
后退到同级 (B) 向左键

图 4-4

后退到同级：在当前层级中，由当前贴图或材质移动到下一个贴图或材质。

选项菜单

"选项"菜单提供了一些附加的工具和显示选项，如图 4-5 所示。

将材质传播到实例：勾选该选项时，场景中指定的材质会被传播到所有实例。

手动更新切换：手动进行更新切换。

复制 / 粘贴拖动模式切换：对材质的变化可选择"复制 / 粘贴"或"拖动"的方式。

背景：将含有多种颜色的方格背景添加到活动窗口中。

背光：在活动窗口中添加背光。

循环切换 3×2、5×3、6×4 示例窗：用于切换材质球的显示方式。

选项：用来打开"材质编辑器选项"对话框，如图 4-6 所示。

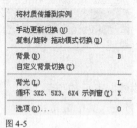

图 4-5

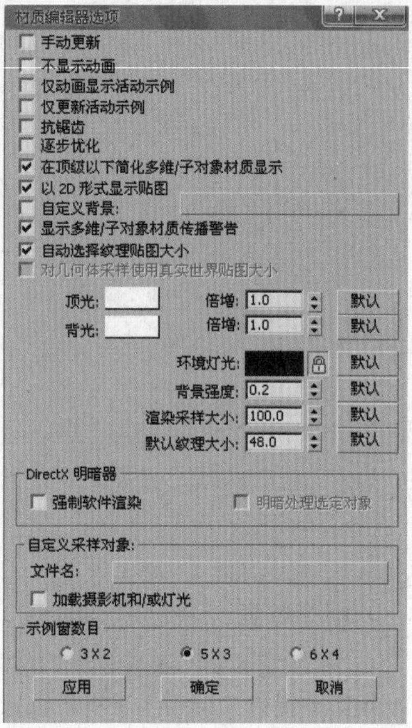

图 4-6

实用程序菜单

"实用程序"菜单提供的命令有：贴图渲染，按材质选择对象，清除多维材质和还原材质编辑器窗口等，如图 4-7 所示。

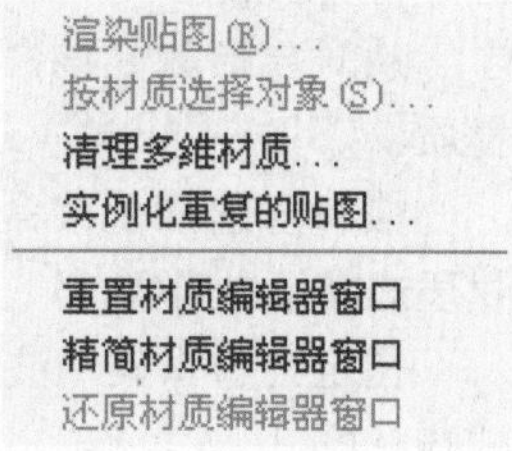

渲染贴图：对贴图进行渲染。

按材质选择：根据"材质编辑器"中的材质来选择模型。

清理多维材质：先分析多维 / 子材质，然后显示场景中所有没有设置材质ID 的子材质。

实例化重复的贴图：该命令可以在场景中找到重复的"位图"贴图，并出现是否将它们实例化的选项。

重设材质编辑器窗口：用系统默认的材质对材质编辑器中的所有材质进行替换。

精简材质编辑器窗口：只保留已使用的材质，将"材质编辑器"中没有使用的材质设置为默认，并移动到编辑器的第一个示例窗中。

还原材质编辑器窗口：还原编辑器的状态。

渲染贴图 (R)...
按材质选择对象 (S)...
清理多维材质...
实例化重复的贴图...

重置材质编辑器窗口
精简材质编辑器窗口
还原材质编辑器窗口

图 4-7

4.1.2 示例窗

材质球示例窗口可以对贴图与材质进行调整。每个小窗口可以预览一个材质或贴图。在为材质添加反光、折射、凹凸等效果时。可实时观察材质变化，从而对其进形进一步的调节，直到满意为止，如图 4-8 所示。

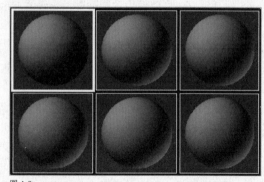

图 4-8

右键单击材质示例窗会出现一个弹框，可对显示的材质示例数量进行选择，有 3×2 示例窗、5×3 示例窗和 6×4 示例窗 3 种。材质球的数量不限，但是一页中显示材质的多少不同，如图 4-9 所示。

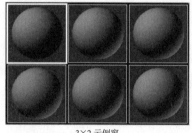

3×2 示例窗

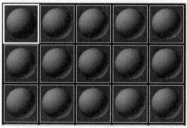

5×3 示例窗

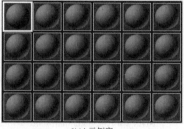

6×4 示例窗

图 4-9

双击材质球可以弹出一个独立的材质窗，可以拖动窗口边缘对窗口进行放大，这样有利于观察一些变化很多很复杂的材质，如图 4-10 所示。

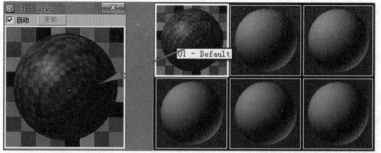

图 4-10

4.1.3 材质编辑器工具

材质编辑器的相关参数命令位于材质示例窗的下侧和右侧，右侧的按钮用来管理和更改贴图及材质，如图 4-11 所示。

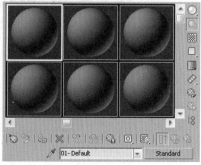

图 4-11

示例窗下面的按钮

获取材质：该选项能够用来显示材质/贴图浏览器，并择材质或贴图。

将材质放入场景：该选项能够在编辑材质后更新场景中的材质。

将材质指定给选定对象：该选项将材质指定给模型。

重置贴图/材质为默认设置：将所选示例窗中的贴图或材质删除，并重置为默认值。

生成材质副本：为材质创建一个副本。

使惟一：使贴图实例成为仅有的副本。

放入库：该选项能够将选取的材质添置到材质库中。

材质 ID 通道：用来设定材质的 ID 通道。

在视口中显示明暗处理材质：用来显示对象赋予材质后的效果。

显示最终结果：用来显示当前级别的材质。

转到父级：可以由当前材质移动到上一层级。

转到下一个同级项：由当前层级的一个材质或贴图动到下一个材质或贴图。

示例窗右侧的按钮

采样类型◯：选择显示在活动示例中的对象类型。

背光◻：添加背光到所选择的活动示例窗内。

背景▦：可以把多种颜色组成的方格背景添加到所选的示例窗中。

采样 UV 平铺◻：在所选示例窗中调整采样对象的贴图。

生成预览◈：可以使用动画贴图为场景添加运动，并生成预览。

选项◈：单击弹出"材质编辑器选项"对话框，来调整在示例中显示材质和贴图的方式。

按材质选择▩：根据所选材质来选择使用材质的对象。

材质 / 贴图导航器▣：能够根据材质贴图的层次或者复合材质中子材质的层次来快速导航。

工具栏下面的控件

从对象拾取材质✐：单击即可选择场景中对象的材质。

"材质类型"按钮 Standard ：单击该按钮可显示材质 / 贴图对话框，可选择要使用的材质或贴图类型。

4.2 材质类型

3ds Max 中材质类型很多，且各有特点，对不同材质的调节有一定的帮助作用。我们可以通过安装新的渲染器来获取更多的材质类型。下面以 3ds Max 里常用的默认材质类型进行讲解。单击材质编辑器中的 "Standard" 按钮就能够打开材质浏览器，如图 4-12 所示。

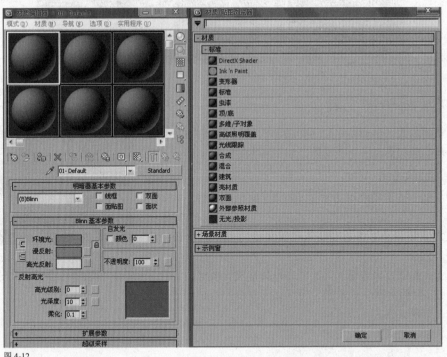

图 4-12

1. 标准材质

标准材质类型非常实用，能够模拟真实世界中的大部分物质。标准材质有很多有关基础属性的参数，这些属性在三维软件中很容易相互导入。选择标准材质球会在下面出现参数设置面板，如图 4-13 所示。

图 4-13

"明暗器基本参数"卷展栏

展开"明暗器基本参数"卷展栏，出现的参数如图 4-14 所示。

明暗器下拉列表：在下拉列表中有八种不同的明暗器，如图 4-15 所示。

图 4-14

图 4-15

各向异性：能够产生长条形的反光区域，多用来模拟流线体的表面高光。适合表现毛发、玻璃或金属材质等物体表面的高光。

Blinn：在明暗处理方面 Blinn 比 Phong 更加柔和，比较常用。

金属：适合表现金属表面。

多层：含有两个高光反射层，可以利用分层的高光来创建复杂高光。适合表现高度磨光的曲面和特殊效果等。

Oren-Nayar-Blinn：用来表现不光滑的表面，如丝绸或陶瓷。

Phong：适合表现具有强度高、圆形高光的表面。

Strauss：适合表现金属和非金属表面。

半透明明暗器：与 Blinn 明暗器类似，也可用于表现半透明材质。

线框：以线框模式渲染材质。在扩展参数上能够设置线框的大小。

双面：使对象的两面都有材质。

面贴图：将材质赋予几何体的表面。如果是贴图材质，则不需要贴图坐标就能自动赋给对象的每个面。

面状：渲染到物体结构的每一个表面。

"Blinn基本参数"卷展栏

展开"Blinn 基本参数"卷展栏，出现的参数如图 4-16 所示。

环境光：可用于模拟物体所处环境的光照。

漫反射：调节物体本身的固有色。

高光反射：调节物体的高光颜色。

颜色：可以调节物体本身发光的强度。

不透明度：可以调节物体的透明情况。

高光级别：调节反射高光的强度。

光泽度：控制反光区域的大小。

柔化：可以调节反光区和非反光区相接处的柔和度。

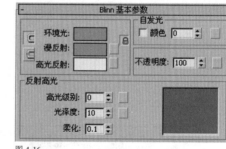

图 4-16

"扩展参数"卷展栏

单击"扩展参数"卷展栏，就会出现一系列参数，如图 4-17所示。

衰减：可以选择衰减的方向是内部还是外部，并设置衰减的程度。

内：沿着所选物体的内部增加不透明度，效果与在玻璃瓶中相似。

外：向着所选物体的外部增加不透明度，效果与在烟雾云中相似。

数量：指定向外或向内衰减的数量。

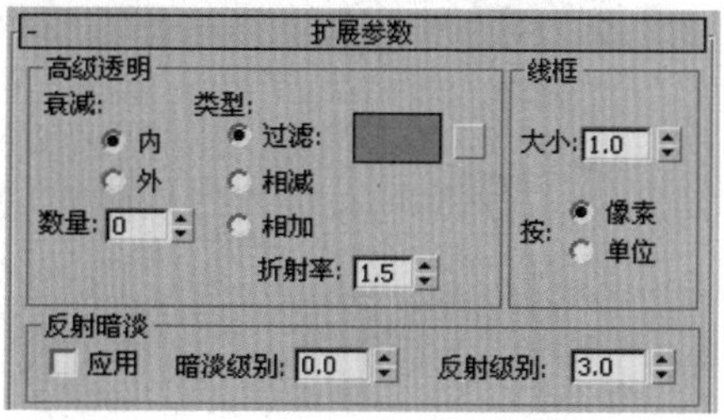

图 4-17

类型：这些控件决定应用不透明度的方式。

过滤：单击色块可更改过滤颜色，或设置过滤贴图。

相减：减去透明曲面后面的颜色。

相加：增加透明曲面后面的颜色。

折射率：设定折射贴图和光线跟踪的折射率。

大小：在模式为线框时，按像素或当前所用单位设定线框的大小。

像素：用像素对线框进行度量。

单位：用系统单位对线框进行度量。

暗淡级别：调节反射贴图在阴影中的暗淡值。

反射级别：影响不反射在阴影中的反射强度。

"超级采样"卷展栏

展开"超级采样"卷展栏，出现的参数如图 4-18 所示。

使用全局设置：开启该项后，使用系统默认的采样器，下面的命令都不可用。

启用局部超级采样器：启用该选项后，对材质应用超级采样。

采样器下拉列表：选择超级采样方法的类型。

超级采样贴图：启用该选项后，对材质贴图使用超级采样方式。

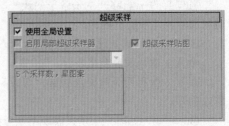

图 4-18

"贴图"卷展栏

展开"贴图"卷展栏，出现的参数如图 4-19 所示。贴图卷展栏中，有贴图属性、数量以及贴图类型。通过单击贴图类型下的通道按钮加载位图文件或程序贴图，将图案或纹理指定给材质的相应属性，并可以设置数量来调节贴图影响物体属性的强度，如图 4-20 所示。

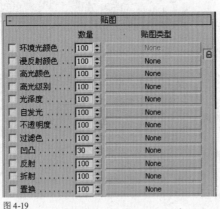

图 4-19

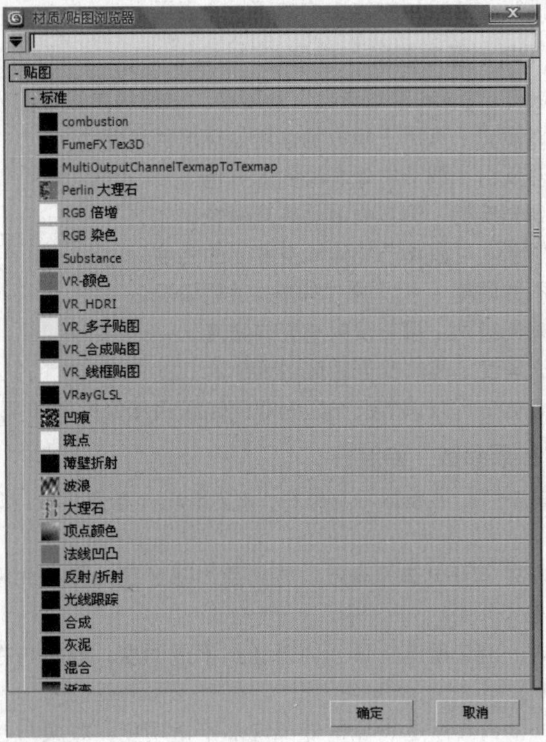

图 4-20

常用贴图介绍

位图：可加载位图贴图，能够将软件系统支持的任一图片或动画文件类型作为材质位图。

方格：两种颜色的组合，可以用贴图替换颜色。

渐变：创建三种颜色的线性或径向变化。

渐变坡度：使用多种颜色、贴图和混合，创建各种坡度。

平铺：使用颜色或材质贴图创建其他平铺材质。通常使用已定义的建筑砖图案，也可自行定义图案。

细胞：用细胞图案生成想要的效果。

凹痕：在模型曲面上生成三维凹凸效果。

衰减：根据模型曲面法线的角度，衰减从白色到黑色的数值。

噪波：将两种颜色进行混合生成三维湍流图案，每种颜色可以设置贴图。

烟雾：生成基于分形的湍流曲面图案，能够用来模拟光束的烟雾效果或云雾状流动效果。

斑点：生成有斑点的曲面，可用来模拟花岗石等材质的曲面。

泼溅：生成类似于泼墨画的分形图案。

波浪：先生成球形波浪中心再随机分布，而形成水波纹等波形效果。

木材：创建三维木材纹理贴图。

合成：将多个贴图进行合成。

遮罩：将一张图作为贴图的遮罩。

混合：混合两种颜色或贴图。

光线跟踪：设置精确、完全光线跟踪的反射与折射。

反射 / 折射：自动生成反射和折射。

法线凹凸：能够为所选对象表面添加可以受光线影响的凹凸痕迹。

VRayHDRI（高动态范围贴图）：特殊贴图类型，多应用于场景的环境贴图，将 HDRI 作为光源。

VRay 边纹理：一种简单的贴图类型，可使所选模型产生网格线框效果，与软件的线框效果相似。

VRay 合成纹理：根据两个通道贴图色度和灰度的不同，执行加、减、乘、除等操作。

VRay 灰尘贴图：用来模拟真实世界物体上的灰尘效果，比如地面或桌子上的灰尘。

VRay 贴图：如果使用 VRay 渲染器，直接使用 VRay 贴图就可以替代 3ds Max 标准材质的反射和折射效果。

VRay 颜色贴图：可以用来设定任何颜色。

VRay 天光：可以放在 3ds Max 的环境里面，也可以放在 VRay 的 GI 环境里面。

2. 建筑材质

建筑材质中有很多系统自定义好的材质设置，在制作建筑方面表现的时候可以很容易得到相应材质的效果，也可以在其基础参数上进一步修改，来得到自己满意的效果，建筑材质的参数如图 4-21 所示。

"模板"卷展栏

展开"模板"卷展栏，出现的参数如图 4-22 所示。

图 4-21

图 4-22

3ds Max 附带一些材质模板，通过模板的名字就能理解它的意思，如图 4-23 所示。

"物理性质"卷展栏

展开"物理性质"卷展栏，出现的参数如图 4-24 所示。

图 4-23

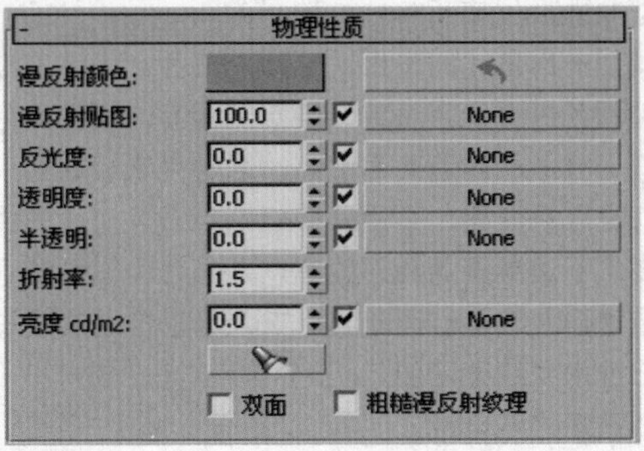

图 4-24

漫反射颜色：调节模型本身的固有色。

单击此按钮 [↰] 可将漫反射颜色更改为当前漫反射贴图中的平均颜色值。

漫反射贴图：可以为材质的漫反射组件指定一个贴图。

反光度：可用来设置材质的反光度，一般反光度越高，显示的高光越小。

透明度：能够设置材质的透明程度。

半透明：设置材质的半透明度。

折射率：设置材质的折射率。

亮度 cd/m2：当亮度大于"0"时，材质会呈现光晕效果。若同时启用"发射能量"，则光能传递能量。

由灯光设置亮度 [↰]：根据场景中的灯光来设置材质的亮度。首先要启用命令，然后在场景中单击灯光，设置材质的亮度与灯光亮度是两者相匹配，然后禁用该命令。

双面：勾选该选项后，材质可双面显示。

粗糙漫反射纹理：勾选该选项，材质会从照明和曝光中排除。

"特殊效果"卷展栏

展开"特殊效果"卷展栏，出现的参数如图 4-25 所示。

凹凸：将凹凸贴图赋予所选材质。

置换：将位移贴图指定给材质。

强度控件：将强度贴图赋予指定材质来调节材质的亮度。

裁切：将裁切贴图赋予指定材质。

图 4-25

"高级照明覆盖"卷展栏

展开"高级照明覆盖"卷展栏，出现的参数如图 4-26 所示。

发射能量（基于亮度）：勾选此选项时，材质会依据亮度值为光能传递添加能量。

颜色溢出比例：将反射颜色的饱和度放大或缩小。

间接灯光凹凸比例：在间接照明区域内，减少基础材质的凹凸贴图效果。

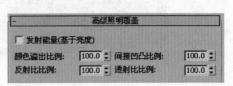

图 4-26

反射比：增加或减少材质的反射能量值。100 为默认值，范围是 0 到 100。

反射比比例：增加或减少反射光线的能量值。

透射比比例：将材质的透射能量值进行增加或减少。

3. 混合材质

混合材质可以使两个不同的材质混合，这样更有利于模拟真实世界中更为复杂的材质。混合材质的参数比较少，如图 4-27 所示。

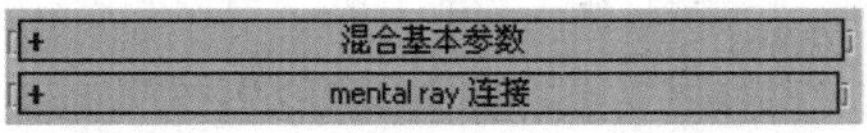

图 4-27

"混合基本参数"卷展栏

展开"混合基本参数"卷展栏，出现的参数如图 4-28 所示。

材质 1 / 材质 2：设置用来混合的两个材质。

交互：选择由交互式渲染器显示在视口中对象曲面上的某种材质。

遮罩：设定用于遮罩的贴图。白色区域为"材质 1"，黑色区域为"材质 2"。

混合量：确定混合的百分比。

混合曲线：可调节两种混合材质的锐化程度。显示对于杂色效果，能够把 Noise 贴图当作遮罩来混合两个标准材质。

转换区域：调整"上限"和"下限"。当这两个值相同时，两个材质会在同一个边相接。

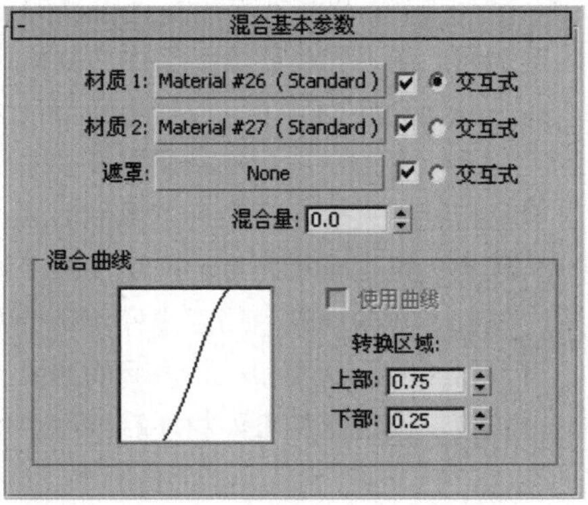

图 4-28

4. 双面材质

设置为双面材质能够给面片的两个面指定不同的材质，可以用来表现有两个面的地图、盒子等物体。双面材质参数比较少，如图 4-29 所示。

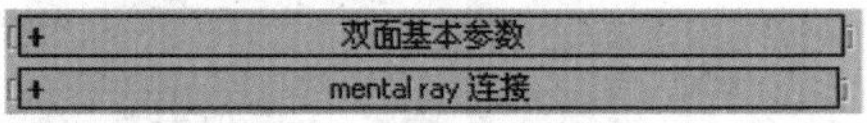

图 4-29

"双面基本参数"卷展栏

展开"双面基本参数"卷展栏，出现的参数如图 4-30 所示。

半透明：设置一个材质透过其他材质显示的透明度，可以为此参数设置动画。

正面材质和背面材质：为模型的正面或背面赋予材质。

图 4-30

5. 多维/子对象材质

多维 / 子对象材质能够对模型的不同 ID 分配不同的材质。例如，一个箱子由多个不同材质组成。可在箱子不同区域设置不同的模型 ID，这些模型 ID 与为其添加的多维 / 子对象材质的材质 ID 一一对应，这样就可以同步来调节材质了。多维 / 子对象材质的参数列表如图 4-31 所示。

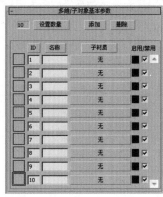

数量：这个数字显示的就是多维 / 子对象材质中子材质的数量。

设置数量：设置子材质的数量。

添加：能够添加新的子材质到材质列表。

删除：能够移出列表中选中的子材质。

ID：可以为列表排序，从最低的材质 ID 的子材质到最高材质 ID。

名称：可以为子材质命名。

子材质：每个子材质都有一个单独的选项，可以为不同的子材质设置不同的材质类型。

图 4-31

色样：单击"子材质"右边的色块能够弹出颜色选择器，可以为子材质设置漫反射颜色。

开关切换：启用或禁用子材质。

6. 虫漆材质

通过叠加的方式将两种材质混合。虫漆材质可表现不同的两层高光，多用来展示清漆、釉面砖等效果。虫漆材质参数如图 4-32 所示。

基础材质：转到基础子材质的层级，可以为其设置特有的材质类型。

虫漆材质：转到虫漆材质的层级，可以为其设置特有的材质类型。

虫漆颜色混合：控制颜色混合的量。

7. 顶/底材质

使用顶 / 底材质能够给所选模型的顶部和底部指定不同的材质。可将两种材质混合在一起，用来设置由顶部和底部不同材质类型组成的物体。顶 / 底材质的参数如图 4-33 所示。

顶材质和底材质：可以设置顶材质或底材质的材质类型。按钮右侧的复选框用来决定材质是否可用。

交换：将顶材质与底材质交换。

坐标：用来确定顶和底边界的方式。

世界：根据场景的世界坐标使每个面片朝上或朝下。

局部：根据场景的局部坐标使每个面片朝上或朝下。

混合：将顶材质和底材质间的边缘进行混合。

位置：设定两种不同材质在模型上的位置划分。

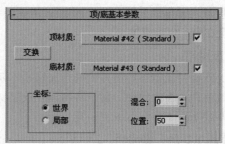

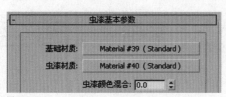

图 4-32

图 4-33

Chapter 05 3ds Max 灯光技术

本章概述

本章为3ds Max灯光技术部分。共分为4节，其中5.1节为标准灯光部分，5.2节为光度学灯光部分，5.3节为高级照明部分，5.4节为VR灯光部分。灯光是三维动画中的重要因素之一，它对提供场景照明、烘托场景气氛起到重要作用，上述4种灯光技术是3ds Max重要的灯光造型方式。本章对这4种灯光技术进行了详细的技术讲解。

核心知识点

❶ 标准灯光
❷ 光度学灯光
❸ 高级照明
❹ VR灯光

5.1 标准灯光

　　灯光在三维动画中的地位举足轻重。没有灯光烘托下的艺术作品如同世界缺少色彩一样单调、乏味。在 3ds Max 中，灯光可以生动的展现材质的优美纹理，照亮模型的细致表面。巧妙的运用好灯光不但能让模型赋有生命力，而且使模型能够呈现出更加丰富多变的形态特征，使艺术作品或真实、或虚幻，更能吸引观者的注意。

　　标准灯光的用途很广，近到居家的台灯，远到浩瀚的星辰。它们的光照都可以运用标准灯光类型里的灯光来进行模拟。标准灯光包括 8 种灯光类型，分别为"目标聚光灯""自由聚光灯""目标平行光""自由平行光""泛光灯""天光""mr 区域泛光灯"和"mr 区域聚光灯"，如图 5-1 所示。

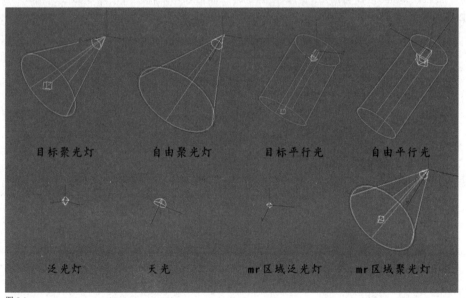

图 5-1

5.1.1 目标聚光灯

　　目标聚光灯可以产生锥形的照明区域，在照明区域以外的对象不受灯光的影响，如图 5-2 所示。目标聚光灯由投射点和目标点组成，单击两个图标便可以进行调节，适合制作台灯、舞台灯光、电视投影图像等，其参数设置面板如图 5-3 所示。

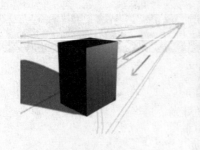
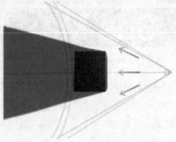

图 5-2

图 5-3

"常规参数"卷展栏

展开"常规参数"卷展栏，出现的参数如图 5-4 所示。

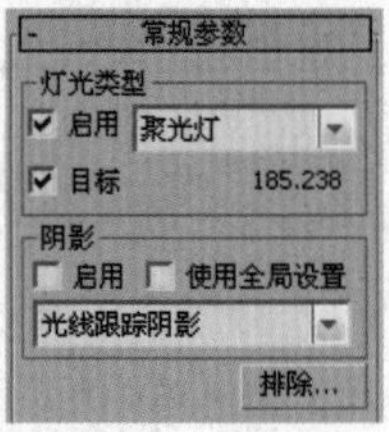

"灯光类型"组

启用：开启和关闭灯光。

灯光类型列表：改变灯光的类型。可以将灯光设置为泛光灯、聚光灯或平行光。

目标：启用该选项后，灯光将具有目标点。

"阴影"组

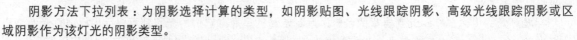

图 5-4

启用：设置灯光是否开启投影阴影的功能。

阴影方法下拉列表：为阴影选择计算的类型，如阴影贴图、光线跟踪阴影、高级光线跟踪阴影或区域阴影作为该灯光的阴影类型。

使用全局设置：启用后可以使用该灯光投影阴影的全局设置。

"排除"按钮：该功能可以将指定的对象排除于灯光照射效果之外。单击此按钮可以弹出"排除 / 包含"对话框，如图 5-5 所示。

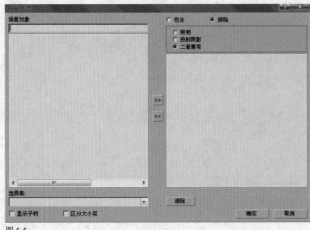

图 5-5

"强度/颜色/衰减"卷展栏

展开"强度 / 颜色 / 衰减"卷展栏，出现的参数如图 5-6 所示。

倍增：可以设置灯光的强度。

颜色选择器：设置灯光的颜色。单击色块将调用出颜色选择器，用于选择灯光的颜色。

"衰退"组

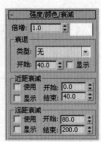

图 5-6

类型：可以选择使用不同的衰退类型。共有 3 种类型可选择。无，不使用衰退；反向，使用反向衰退；平方反比，使用平方反比衰退。

"近距衰减"组

使用：开启灯光的近距衰减。

显示：控制是否在视口中显示近距衰减的范围。

开始：控制灯光开始淡入的位置。

结束：控制灯光终止淡入的位置。

"远距衰减"组

使用：开启灯光的远距衰减。

显示：控制是否在视口中显示远距衰减范围。

开始：控制灯光开始淡出的位置。

结束：控制灯光终止淡出的位置。

"聚光灯"卷展栏

单击"聚光灯"卷展栏，就会出现一系列参数，如图 5-7 所示。

图 5-7

"光锥"组

显示光锥：控制是否显示圆锥体。

泛光化：开启泛光化后，灯光将在所有方位对物体进行灯光照射。

聚光区 / 光束：控制灯光圆锥体的角度。

衰减区 / 区域：控制灯光衰减区的角度。

圆 / 矩形：用来选择使用"聚光区"和"衰减区"的形状。如想得到圆形的灯光光束，应设置为"圆形"。如想得到矩形的灯光光束，应设置为"矩形"。

纵横比：设置矩形光束的纵横比。

"高级效果"卷展栏

展开"高级效果"卷展栏，出现的参数如图 5-8 所示。

图 5-8

"影响曲面"组

对比度：控制物体曲面漫反射区域与环境光区域的对比度。

柔化漫反射边：调整该数值可以柔化或增强物体曲面的漫反射部分与环境光部分之间的边缘。

漫反射：开启该选项，灯光能够影响对象曲面的漫反射属性。

高光反射：开启该选项，灯光能够影响对象曲面的高光属性。

仅环境光：开启该选项，灯光能够影响照明的环境光组件。

"投影贴图"组

贴图：该功能可以在"材质编辑器"中为灯光添加贴图。

"阴影参数"卷展栏

展开"阴影参数"卷展栏，出现的参数如图 5-9 所示。

图 5-9

"对象阴影"组

颜色：该项可以控制阴影的颜色。

密度：该项可以控制阴影的密度。

贴图：该项可以将贴图赋予给阴影。

灯光影响阴影颜色：该项可以让灯光的颜色与阴影的颜色相互影响。

"大气阴影"组

启用不透明度：启用该项可以调整阴影的透明程度。

颜色量：调整大气颜色与阴影颜色混合的量。

"光线跟踪阴影参数"卷展栏

展开"光线跟踪阴影参数"卷展栏，出现的参数如图 5-10 所示。

光线偏移：可以调节阴影与物体的偏移程度。

双面阴影：开启该选项，能够使阴影显示为双面。

最大四元树深度：该功能用于计算光线跟踪阴影的强度。

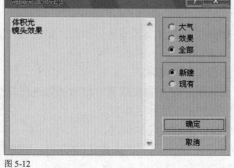

图 5-10

"大气和效果"卷展栏

展开"大气和效果"卷展栏，出现的参数如图 5-11 所示。

添加：单击此按钮会弹出"添加大气或效果"对话框，可以选择添加相应的效果，如图 5-12 所示。

删除：单击此按钮可以删除掉添加的效果。

图 5-11　　图 5-12

5.1.2　自由聚光灯

自由聚光灯也是产生锥形的照明区域，在照明区域以外的对象不受灯光的影响。自由聚光灯的参数信息与目标聚光灯的基本一致，不过自由聚光灯没有投射点，所以无法像目标聚光灯那样可以对投射点进行调节，所以自由聚光灯特别适合制作一些动画灯光，如手电筒，舞台上的射灯，汽车的车灯等，如图 5-13 所示。

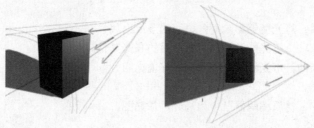

图 5-13

5.1.3　目标平行光

目标平行光产生一个平行的照明区域，所以它比较适合模拟太阳光的照射，在制作建筑方面的场景时目标平行光会起到很大作用，也可以用来模拟一些激光光束等照明效果，如图 5-14 所示。

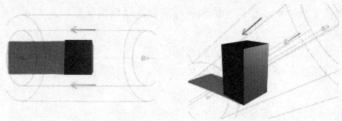

图 5-14

5.1.4 自由平行光

与目标平行光的参数基本一致，不过它没有投射点，所以无法像目标平行光那样可以对投射点进行调节，只能进行整体的移动、旋转等操作，在动画灯光制作中也比较常用，如图 5-15 所示。

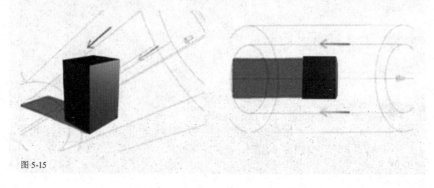

图 5-15

5.1.5 泛光灯

泛光灯可以从一个无限小的点均匀地向所有方向发射光，就像是一个裸露的灯泡所放出的光线。泛光灯比较利于创建，也好调节。泛光灯的主要作用是用于模拟灯泡、台灯等点光源物体的发光效果，也常被当做辅助光来照明场景，如图 5-16 所示。

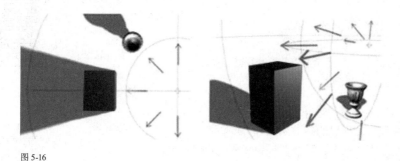

图 5-16

5.1.6 天光

天光是一种用于模拟环境光照明的灯光，它可以模拟光线从各个角度对物体投射光线。天光比较适合表现室外的建筑场景。天光的算法在设计上，并没有考虑真实世界的物理属性，它仅是一种模拟性质的全局光照，所以它相对其它高级光照在计算速度上要更快。天光可与 3ds Max 默认的 Scanline 渲染器结合使用，也可以与光能传递渲染器配合使用，后者更能得到高级的照明效果。一般在场景中只需一盏天光就能够获取细腻的照明效果，物体表面会呈现柔和的过渡影调，准确模拟天空光对于场景物体的漫反射。

5.2 光度学灯光

光度学灯光的特征在于使用光度学值（光能值），通过这些值能够精确地定义灯光，如同在真实世界一样。光度学灯光善于表现具有各种色彩特性和分布样式的灯光，还可以导入照明厂家提供的特定光度学文件来真实定义灯光的展示效果。光度学的应用非常广泛，如模拟射灯照射的效果等，如图 5-17 所示。

图 5-17

目标灯光（光度学）

目标灯光具有目标点，可以很方便地调节照明方向。目标灯光主要用来模拟射灯、筒灯等。目标灯光的参数有很多，但与标准灯光里的参数也是大同小异，如图 5-18 所示。

图 5-18

"模板"卷展栏

展开"模板"卷展栏，出现的参数如图 5-19 所示。

选择模板：使用此下拉列表，可以选择要使用的灯光类型。

图 5-19

"常规参数"卷展栏

展开"常规参数"卷展栏，出现的参数如图 5-20 所示。

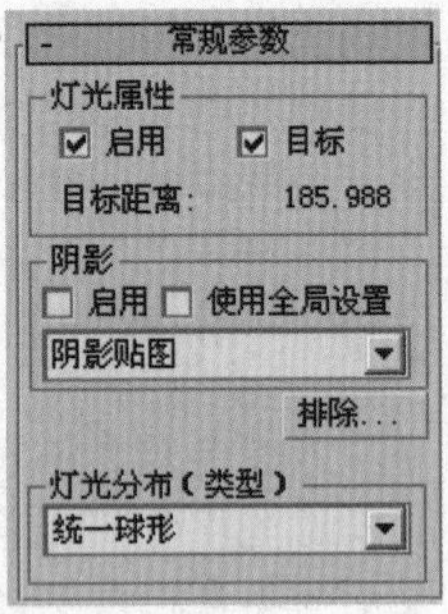

"灯光属性"组

启用：用于决定是否启用灯光。

目标：启用该选项后，灯光将拥有可控制的目标点。

目标距离：该选项用于显示目标的距离。

"阴影"组

启用：确定灯光是否投影阴影。

阴影方法下拉列表：确定渲染器是否使用阴影贴图、光线跟踪阴影、高级光线跟踪阴影或区域阴影作为该灯光的阴影。

图 5-20

使用全局设置：此项开启后可以使用该灯光投影阴影的全局设置。

"排除"按钮：可以使选择的对象不受灯光效果影响。单击此按钮可以打开"排除 / 包含"对话框。

"灯光分布（类型）"组

下拉列表：灯光分布类型的下拉列表，可选择 4 个灯光分布的种类，分别为光度学 Web、聚光灯、统一漫反射和统一球形。

"分布（光度学Web）"卷展栏

展开"分布（光度学 Web）"卷展栏，出现的参数如图 5-21 所示。

Web 图：在为灯光选择光度学文件后，Web 图将显示灯光分布的图案。

选择光度学文件：单击该按钮，可选择使用用户想要的光度学 Web 文件。

X 轴旋转：沿着 x 轴方向转动光域网。

Y 轴旋转：沿着 y 轴方向转动光域网。

Z 轴旋转：沿着 z 轴方向转动光域网。

图 5-21

"强度/颜色/衰减"卷展栏

展开"强度 / 颜色 / 衰减"卷展栏，出现的参数如图 5-22 所示。

"颜色"组

灯光下拉栏：为灯光选择不同颜色的类型。

开尔文：可以调节色温来改变灯光的颜色。色温是用开尔文度数来显示的。

过滤颜色：使用不同的颜色来模拟光源上的过滤色效果。

"强度"组

这些不同的组件可以在物理参数的基础上给光度学灯光设置强度或亮度。可以使用下面任意一种单位来设置光源的强度或亮度。

Lm：设置光源的输出功率。

Cd：可以设置光源的最大发光强度。

lx：设置由光源发出的亮度，该光源可以在一定距离照射在曲面上。

"暗淡"组

结果强度：用来显示暗淡强度，可以使用与强度组相同的组件。

暗淡百分比：启用该选项后，设置相应的数值会改变光源强度的"倍增"大小。

光线暗淡时白炽灯颜色会切换：启用此选项后，灯光可以在较暗时发出黄色来模拟白炽灯的效果。

"远距衰减"组

使用：可以选择是否启用灯光的远距衰减。

显示：在视口中显示出远距衰减的范围。

开始：控制灯光开始淡入的距离。

结束：控制灯光变为零的距离。

图 5-22

"图形/区域阴影"卷展栏

展开"图形 / 区域阴影"卷展栏，出现的参数如图 5-23 所示。

"从（图形）发射光线"组

下拉列表：使用该列表，可选择阴影生成的图形，如图 5-24 所示。

点：点光源在计算阴影的时候，就像一个点在发射光线一样。

线：线光源在计算阴影的时候，就像一个线在发射光线一样。

矩形：矩形光源在计算阴影的时候，就像一个矩形在发射光线一样。

圆形：圆形光源在计算阴影的时候，就像一个圆形在发射光线一样。

球体：球体光源在计算阴影的时候，就像一个球体在发射光线一样。

图 5-23　　　　图 5-24

圆柱体：圆柱体光源在计算阴影的时候，就像一个圆柱体在发射光线一样。

"渲染"组

灯光图形在渲染器中可见：选择此项后，如果灯光对象位于视野内，灯光图形在渲染中会显示为自发光的图形。关闭此选项后，将无法渲染灯光图形，而只能渲染它投影的灯光。

剩下的几个参数卷展栏与标准灯光里的一样，大家可以参照标准灯光的参数进行学习，如图 5-25 所示。

图 5-25

5.3　高级照明

3ds Max 的高级照明功能是我们经常会听到的"全局光照"，它包含两种光计算的方式，分别为光线跟踪与光能传递。使用全局光照对物体进行照明的时候，运用光子反弹的原理，当光照射到物体表面上时光线就会向周围进行漫反射，从而会间接地照射到整个场景。高级照明是 3ds Max 自带的一种照明方式，主要是用光度学灯光来模拟照射的，当然也可以使用其它光源来模拟。使用太阳光、天空光来模拟光照时可以精确地按照对象所在的地理位置，设置光照的时间和角度。这种方式可以用在室外场景的表现上，让场景更加真实。单击渲染设置面板便能够看到它的相应参数，如图 5-26 所示。

在制作全局光照时我们通常都是用 VRay 渲染器来表现的，VRay 渲染器能够提供很好的高级照明效果，也方便调节。

图 5-26

5.4　VR 灯光

安装好 VRay 渲染器后便能够在灯光下拉列表中选择 VRay 光源了。VRay 灯光有 4 种类型，分别为"VR- 光源""VR-IES""VR- 环境光"和"VR- 太阳"，如图 5-27 所示。

在对场景进行照明时，主要用到"VR- 光源"和"VR- 太阳"这两种灯光，其他类型的灯光使用频率较低，这里我们重点讲述"VR- 光源"和"VR- 太阳"的基本参数。

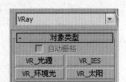

图 5-27

5.4.1　VR-光源

VR- 光源在室内场景制作中经常被用到，可以用它很容易地模拟出一些发出平面光源的物体，如电视机的屏幕、窗户透过的灯光、手机屏幕等。VR- 光源的参数有很多，但与标准灯光里的参数类似，比较容易理解，如图 5-28 所示。

图 5-28

VR-光源参数介绍

"基本"组

开：控制是否开启 VR- 光源。

排除：把选定对象排除于灯光效果之外。单击该按钮可显示"排除 / 包含"对话框。

类型：可以选择 VR- 光源的类型。在下拉栏中有 4 种类型，"平面""穹顶""球体"和"网格体"，如图 5-29 所示。

图 5-29

"亮度"组

单位：设置 VR- 光源的发光单位。共有 5 种类型，"默认（图形）""光通量""发光强度""辐射量"和"辐射强度"，如图 5-30 所示。

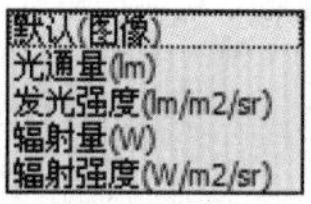

倍增器：可以调整 VR- 光源的强度。

模式：可以调整 VR- 光源的色彩模式。有"颜色"和"色温"两种，如图 5-31 所示。

颜色：可以调整 VR- 光源的颜色。

色温：用色温的模式来调整 VR- 光源的颜色。

图 5-30

图 5-31

"大小"组

半长度：调整灯光的长度。

半宽度：调整灯光的宽度。

"选项"组

投射阴影：调整灯光能否投射阴影。

双面：设置灯光是否有双面照明的效果。

不可见：设置灯光是否被渲染出来。

忽略灯光法线：设置灯光是否按照法线的方向进行照射。

不衰减：设置灯光照射的光线是否产生衰减效果。

天光入口：该项可以把 VR- 光源转变为天光。

影响漫反射：设置灯光是否影响物体的漫反射。

影响高光：设置灯光是否影响物体的高光。

影响反射：设置灯光是否影响物体的反射。

"采样"组

细分：可以设置灯光的采样细分。设置的数值太小会出现杂点，但渲染速度会快很多，设置的数值大会得到细腻的渲染效果，但渲染速度会变慢。所以在测试渲染的时候可以用低的细分来查看大效果，在最终渲染的时候可以用高的细分值来得到优质的效果。

阴影偏移：可以设置阴影相对物体的偏移程度。

阀值：设置采样的最小值。

"纹理"组

使用纹理：定义是否使用纹理贴图来做为光源。

None：可以加载纹理贴图。

分辨率：调整纹理贴图的分辨率。

自适应：系统会自动调节纹理贴图的分辨率。

5.4.2 VR-太阳

VR- 太阳顾名思义主要就是用来模拟太阳光的。VR- 太阳的一些参数是根据真实世界里存在的事物来编写的，所以它能够调节出很优秀的阳光照射效果。VR- 太阳的参数要比 VR- 光源的少些，只有"VR-太阳参数"一个卷展栏，如图 5-32 所示。

图 5-32

VR-太阳参数介绍

开启：设置是否开启太阳光源。

不可见：设置灯光是否被渲染出来。

影响漫反射：控制灯光是否影响物体的漫反射。

影响高光：控制灯光是否影响物体的高光。

投射大气阴影：控制灯光是否投射大气阴影。

混浊度：可以影响空气的浑浊度。如同真实世界，空气越浑浊，太阳光被遮挡就越多，太阳的强度就会越弱，反之则会更强。

臭氧：控制空气中臭氧的含量，臭氧含量越小阳光则越黄，反之则会越蓝。

强度 倍增：控制灯光的亮度强弱。

尺寸 倍增：控制光源本身的大小。

阴影 细分：设置阴影呈现的效果。

阴影 偏移：控制影子相对物体的偏移程度。

光子 发射 半径：设置光子的半径大小。

天空 模式：可以选择天空的模式。共有 3 种可供选择，分别为 Preetham et al.、CIE 晴天和 CIE 阴天，如图 5-33 所示。

排除：将选定对象排除于灯光效果之外。单击此按钮可以打开"排除 / 包含"对话框。

图 5-33

VR-天空参数介绍

VR- 天空是在创建 VR- 太阳时自动在"环境贴图"通道中添加的，它是 VR 灯光系统中很重要的一个照明系统。拖动"环境贴图"中的"VR- 天空"到材质球中便可以对其参数进行细致调节，如图 5-34 所示。

手设 太阳 节点：选择是否手动来设置太阳节点。

太阳 节点：单击该通道可以选择太阳光源。

阳光 混浊度：可以影响空气的浑浊度。如同真实世界，空气越浑浊，太阳光被遮挡就越多，太阳的强度就会越弱，反之则会更强。

阳光 臭氧：控制空气中臭氧的含量，臭氧含量越小阳光则越黄，反之则会越蓝。

阳光 强度 倍增：控制阳光的强弱。

太阳 尺寸 倍增：控制阳光的大小。

太阳 不可见：控制阳光是否在渲染中可见。

天空 模式：可以选择天空的模式。共有 3 种可供选择，分别为 Preetham et al、CIE 晴天和 CIE 阴天，如图 5-35 所示。

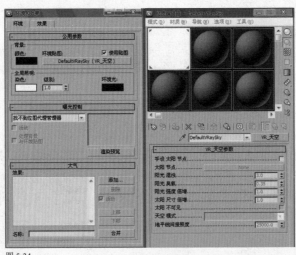

图 5-34

图 5-35

Chapter 06 3ds Max 摄像机动画

本章概述

本章为3ds Max摄像机动画部分，共分为两节。其中6.1节为摄像常用术语，6.2节为摄像机类别及重要参数。3ds Max中的摄像机是参数化的，它的参数设置借鉴了真实世界的摄像机，摄像机动画的巧妙运用为影片叙事的质量提供了强有力的保障。本章对摄像机动画核心技术进行讲解。

核心知识点

❶ 摄像常用术语

❷ 摄像机类别及重要参数

6.1 摄像常用术语

摄像机在模型的制作中同样起到很重要的作用，无论是静帧出图还是动画渲染，都是在摄像机中完成的。3ds Max中的摄像机与真实世界中的摄像机，无论是用法还是参数都是相似的，了解些摄像的常用术语有利于我们更好地架设摄像机。

镜头：摄像机镜头是摄像机的重要组成部分，它的质量高低直接影响摄像机的整机指标。镜头由若干组的凹凸镜片构成，它能够敏感地采集物理空间中的光线，仿若人类眼睛中的晶状体结构。假想一下，如若没有晶状体，那我们就看不到任何影像了。对于摄像机来讲，如若没有镜头，那就无法对影像进行采集了。

焦距：焦距是光学系统中衡量光的聚集或发散的度量方式，指平行光入射时从透镜光心到光聚集之焦点的距离。焦距也可以通俗地理解为焦点到面镜的中心点之间的距离。通过科学实验得知，较短焦距的光学系统比较长焦距的光学系统拥有更加优质的聚集光线的性能。

曝光：曝光是指摄像师通过对拍摄环境的状况进行分析，然后控制摄像机的光圈和快门，让被摄物体产生或反射的光线透过镜头投射到感光介质上成像的过程。高水平的摄像作品要以精准的曝光数值作为基础。

白平衡：白平衡是摄像机对白色还原的技术，它是描述 RGB 三基色混合生成白色精确程度的一项指标。在不同光照下，人们对于颜色的认知是相同的，如清晨旭日初升，我们看到一个白色的物体，感觉它是白色的。而傍晚幽暗的烛灯下，我们看到这个物体仍然感觉它是白色的，这源于人脑对于不同光线下物体色彩的还原和认知的本能。而摄像机不具备这种功能，就需要通过对白平衡的设置来实现色彩的矫正和还原。白平衡的作用在于实现摄像机图像能精确反映被摄物的色彩状况。摄像机一般有手动白平衡和自动白平衡两种方式。

光圈：光圈是摄像机镜头内部由几枚超薄金属片组成的装置，它的中间能通过光线。通过调整该装置的收缩控制进入镜头的光线量。光圈越大，进入摄像机内部的光线就越多，图像就会越亮，反之则越暗。此外，光圈越大，景深越小，背景越不清晰。光圈越小，景深越大，背景越清晰。常见的光圈系数有 F1.4、F2、F2.8、F4、F5.6、F8、F11、F16、F22、F32 等。

快门：快门是摄像机中用来控制光线照射感光元件时间的装置，是摄像机的重要组成部分之一。快门的单位是"秒"。专业 135 相机的快门速度上限可达到 1/16000 秒。常见的快门速度有 1、1/2、1/4、1/8、1/15、1/30、1/60、1/125、1/250、1/500、1/1000、1/2000 秒等。可以通过快门的调试精准抓拍高速移动中的物体。当光线较暗时，如拍摄夜空中绽放的礼花或山间涓涓的流水时，一般需要把快门时间拉长。

6.2 摄像机类别及重要参数

3ds Max 中有两个摄像机，分别为目标摄像机和自由摄像机。它们的区别和目标灯光与自由灯光的区别一样，目标摄像机设有目标点，自由摄像机无目标点。下面以 3ds Max 默认的摄像机为例进行讲解。

6.2.1 目标摄像机

目标摄像机可以查看放置的目标点周围的场景内容。目标摄像机比自由摄像机更容易定位，可以通过移动目标点的位置来改变摄像机照射的区域。创建摄像机后在修改面板会有两个卷展栏，如图 6-1 所示。

图 6-1

图 6-2

"参数"卷展栏

展开"参数"卷展栏，出现的参数如图 6-2 所示。

镜头：以毫米为单位设置摄影机镜头的焦距。

视野：设置摄影机所能查看区域的广度。

正交投影：选择该项，摄影机视图会变成正交视图。禁用此选，摄影机视图会变成透视视图。

"备用镜头"组

有以下几种预设镜头供用户选择，这些镜头包括 15 毫米、20 毫米、24 毫米、28 毫米、35 米、50 毫米、85 毫米、135 毫米、200 毫米。

类型：允许自由摄像机和目标摄像机两种类型之间的切换，如图 6-3 所示。

图 6-3

显示圆锥形：显示摄影机视野定义的锥形线框。该线框仅出现在不包含摄影机视口的其他视口。

显示地平线：摄像机视口中会显示出地平线。该地平线用一条深灰色的直线表示。

"环境范围"组

显示：控制是否显示摄像机锥形线框。

近距范围：控制环境中大气效果的近距离范围。

远距范围：控制环境中大气效果的远距离范围。

"剪切平面"组

手动剪切：该选项能够定义摄像机的剪切平面。

近距剪切和远距剪切：该选项能够定义近距和远距的剪切平面。

"多过程效果"组

启用：选择该选项，能够使用效果渲染。禁用该项，不渲染效果。

预览：选择该选项，能够在激活的摄影机视口中预览效果。如果活动视口并不是摄影机视口，那么该按钮则不发生作用。

下拉列表：该列表共包含 3 种效果，景深（mental ray）、景深和运动模糊，如图 6-4 所示。

图 6-4

目标距离：使用自由摄像机，把空间中的某个坐标定义为一个虚拟的目标，以便围绕该坐标旋转摄像机。

"景深"卷展栏

把"多过程效果"设置成"景深"就会出现一组新的景深参数，如图 6-5 所示。

"焦点深度"组

使用目标距离：选择该项后，系统将把摄影机的目标距离作为每个过程偏移摄影机的点。

焦点深度：该数值控制景深的位置偏移，范围为 0.0 到 100.0。较低的数值模糊场景的近景部分，较高的值模糊场景的远处部分。

"采样"组

显示过程：选择该项后，帧缓存窗口将显示多个渲染通道。

使用初始位置：选择该项后，首个渲染过程将处于摄影机的原始位置。

图 6-5

过程总数：该项用于设置景深生成效果的总数。

采样半径：通过移动场景创建模糊半径，增加该值能够扩大整体的模糊效果。

采样偏移：该项可以设置"采样半径"的权重。

"过程混合"组

规格化权重：使用该功能能够获取更为平滑的效果。禁用该选项后，效果会变得更为清晰。

抖动强度：该选项用于控制渲染通道的抖动程度。增加该数值能够生成颗粒状效果，特别在对象的边缘上。

平铺大小：设置抖动时纹理的尺寸。

"扫描线渲染器参数"组

禁用过滤：该项启用后，将禁用过滤功能。

禁用抗锯齿：该项启用后，将禁用抗锯齿功能。

"运动模糊参数"卷展栏

把"多过程效果"设置成"运动模糊参数"就会出现一组新的参数，如图 6-6 所示。

"采样"组

显示过程：该项启用后，帧缓存窗口能够显示多个渲染通道。

过程总数：该数值用于设置生成运动模糊效果的次数。

持续时间（帧）：该数值用于动画中将应用运动模糊效果的帧数。

偏移：该数值用于设置运动模糊的偏移量。

"过程混合"组

规格化权重：使用该项能够获取更为平滑的效果。禁用该选项后，效果会变得更为清晰。

抖动强度：该选项用于控制渲染通道的抖动程度。增加该数值能够生成颗粒状效果，特别在对象的边缘上。

图 6-6

平铺大小：设置抖动时纹理的尺寸。

"扫描线渲染器参数"组

禁用过滤：该项启用后，将禁用过滤功能。

禁用抗锯齿：该项启用后，将禁用抗锯齿功能。

6.2.2 自由摄像机

自由摄像机与目标摄像机的参数基本相同，区别在于自由摄像机没有设置目标点。做建筑表现图和影视动画时，一般用目标摄像机。如果做游戏动画或交互式产品时，一般用自由摄像机来模拟用户的视角，如图 6-7 所示。

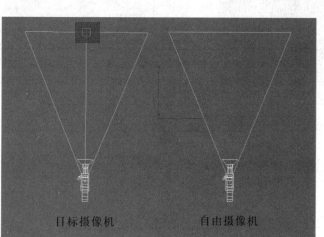

目标摄像机　　　　　　　自由摄像机

图 6-7

Chapter 07 3ds Max 角色动画

本章概述

本章为3ds Max角色动画部分，共分为3节。其中7.1节为CS骨骼装配部分，7.2节为Skin蒙皮技术部分，7.3节为关键帧动画部分。角色动画是三维动画中的难点，上述涉及的技术需要相互配合才能创作出栩栩如生的动画。本章对这3种动画技术进行了详细的讲解。

核心知识点

❶ 骨骼装配
❷ 蒙皮技术
❸ 关键帧动画

7.1 CS 骨骼装配

3ds Max 为制作两足动物提供了一套专业的 Biped 骨骼系统。Biped 骨骼系统是根据真实的两足动物来调节的，无论是颈部、脊椎还是腿部，都可以进行自由定义，以实现用户想要的效果。进入"创建"面板，选择系统 ⬛，在标准类型中单击 Biped 按钮 ⬛ Biped ⬛，在视图中移动光标就可以创建一套 Biped 骨骼了，如图 7-1 所示。

创建好骨骼后，系统下拉列表中就会出现一个"创建 Biped"卷展栏，如图 7-2 所示。

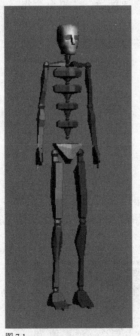

图 7-1

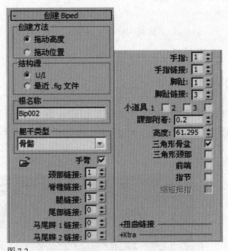

图 7-2

"创建Biped"卷展栏介绍

"创建方法"组

拖动高度：通过鼠标拖动来创建 Biped。

拖动位置：通过单击鼠标右键来创建 Biped。

"结构源"组

U/I：用系统默认的结构源进行 Biped 骨骼的创建。

最近 .fig 文件：使用最近的 .fig 格式文件来创建 Biped 骨骼。

"躯干类型"组

可以用来选择两足动物形体类型，如图 7-3 所示，共有以下 4 种类型。

骨骼：骨骼形体类型提供能自然适应网格蒙皮的真实骨骼。

男性：男性形体类型比较适合用来模拟男性骨骼。

女性：女性形体类型比较适合用来模拟女性骨骼。

经典：经典形体类型的组成由基本的几何体构成，与旧版本中的相同。

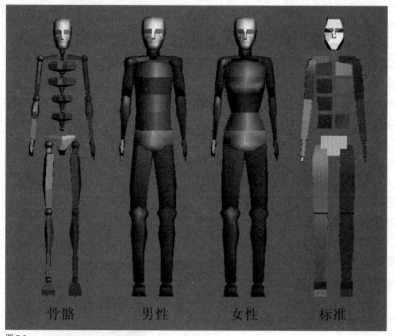

图 7-3

手臂：控制是否为 Biped 骨骼添加手臂。

颈部链接：控制 Biped 骨骼颈部的链接数。

脊骨链接：控制 Biped 骨骼脊骨上的链接数。

腿部链接：控制 Biped 骨骼腿部的链接数。

尾部链接：控制 Biped 骨骼尾部的链接数。

马尾辫 1/2 链接：控制马尾辫的链接数量。

手指：控制 Biped 骨骼手指的数量。

手指链接：控制每根手指链接的数量。

脚趾：控制 Biped 骨骼的脚趾数量。

脚趾链接：控制每根脚趾的链接数量。

道具 1/2/3：共有 3 个道具可供使用，这些道具能够为两足动物增加一些武器或工具。默认情况下，道具 1 位于右手边，道具 2 位于左手边，道具 3 位于躯干前面中心的位置。

踝部附着：控制踝部相连的间隙。

高度：控制 Biped 骨骼的高度。

三角形骨盆：开启该选项可以为两足动物生成一个脊骨对象的链接。

三角形颈部：开启该选项后，将锁骨链接到顶部脊骨链接，而不链接到颈部。

前脚：启用该选项后，可以将两足动物的手和手指作为脚和脚趾：为手设置踩踏关键点后，旋转手不会影响手指的位置。

"扭曲链接"组

如图 7-4 所示。

扭曲：控制允许在动画肢体上发生扭曲时，在设置蒙皮的模型上优化网格变形。

上臂：控制上臂扭曲链接的数量。

前臂：控制前臂扭曲链接的数量。

大腿：控制大腿扭曲链接的数量。

小腿：控制小腿扭曲链接的数量。

脚架链接：控制脚架链接中扭曲链接的数量。

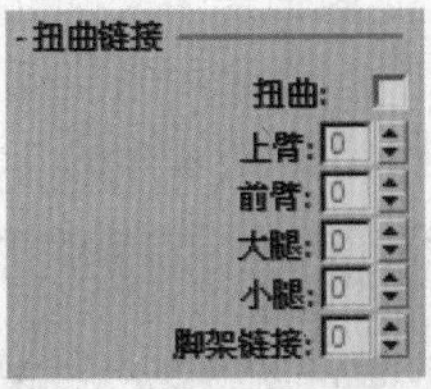

"Xtra"组

如图 7-5 所示。

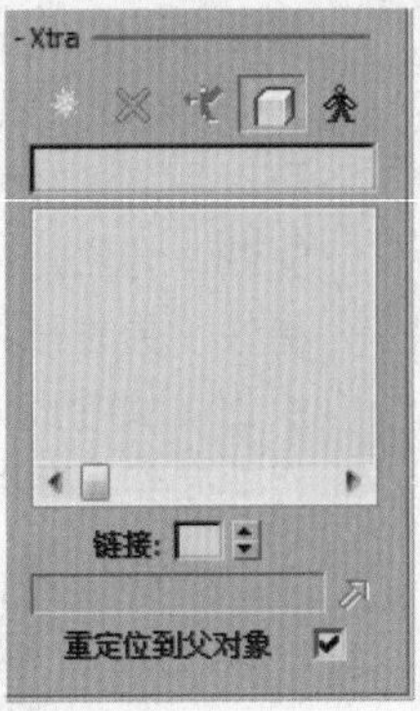

创建 Xtra ※：单击该按钮可生成 Xtra 尾部。

删除 Xtra ✕：单击该按钮可删除选中的 Xtra 尾部。

创建相反的 xtra ↗：单击该按钮，可镜像 Xtra 尾部。

同步选择 ▯：单击该按钮，列表中选定的 Xtra 尾部将同时在视口中选定。

选择对称 ᕀ：单击该按钮，选择尾部同时也能够选择反面的尾部。

Xtra 名称：能够显示 Xtra 尾部名称。

Xtra 列表：按名称列出两足动物的 Xtra 尾部。

链接：控制尾部链接数。

拾取父对象：重新选取父对象。

重定向到父对象：启用该项，可以将尾部链接到新的父对象上。

Biped运动参数介绍

选择"运动"面板 ◎，会出现一系列参数，在此处可对 Biped 骨骼系统进行更详细的编辑，如图 7-6 所示。

"指定控制器"卷展栏

展开"指定控制器"卷展栏，出现的参数如图 7-7 所示。

指定控制器：为选定的轨迹显示一个可供选择的控制器列表。

"Biped应用程序"卷展栏

展开"Biped 应用程序"卷展栏，出现的参数如图 7-8 所示。

混合器：单击"运动混合器"按钮，会弹出"运动混合器"命令面板。可以在其中控制动画文件的层级，确定两足动物的运动方式，如图 7-9 所示。

图 7-4

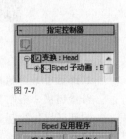

图 7-5

图 7-6

图 7-7

图 7-8

图 7-9

3ds Max动画案例高级教程

工作台：单击"工作台"按钮，会弹出"动画工作台"命令面板，可以在其中对两足动物的运动曲线进行查看和修改，如图 7-10 所示。

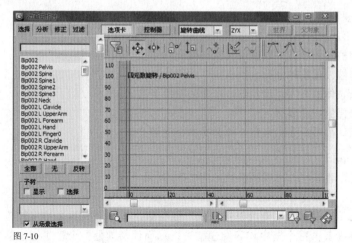

图 7-10

"Biped"卷展栏

展开"Biped"卷展栏，出现的参数如图 7-11 所示。

体形模式 🐾：启用"体形"模式，可以用来修改 Biped 骨骼的姿态。

足迹模式 👣：该选项可以用来创建和编辑足迹。

运动流模式 🗲：该选项可以用"运动流"模式创建角色动画。

混和器模式 🎬：该选项可以对混合器进行创建动画。

Biped 播放 🏃：该选项可以播放 Biped 的动画。

加载文件 📂：可使用"打开"对话框导入 .bip、.fig、.stp 文件。

保存文件 💾：可以存储 Biped 动画文件（.bip）、体形文件（.fig）、步迹文件（.stp）文件。

转换 ☑：该选项可以将足迹动画变为自由模式的动画。

移动所有模式 ⚙：该选项可以同时移动和旋转两足动物及其动画。

图 7-11

"轨迹选择"卷展栏

展开"轨迹选择"卷展栏，出现的参数如图 7-12 所示。

水平形体 ↔：该选项可在水平方向上，选择并移动两足动物的质心。

垂直形体 ↕：该选项可在垂直方向上，选择并移动两足动物的质心。

躯干旋转 ↻：该选项可选择并旋转两足动物的质心。

锁定 COM 关键点 🔒：该选项可以同时选择多个 COM 轨迹。

对称 🐾：该选项可用于选择 Biped 骨骼另一面的对象。

相反 🐾：该选项可用于选择 Biped 骨骼另一面的对象，同时取消当前对象的选择。

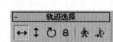

图 7-12

"四元数/Euler"卷展栏

展开"四元数 / Euler"卷展栏，出现的参数如图 7-13 所示。

四元数：可以将选择的 Biped 动画转化为四元数旋转。

Euler：可以将选择的 Biped 动画转化为 Euler 旋转。

轴顺序：允许选择 Euler 旋转曲线计算的顺序。

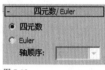

图 7-13

"扭曲姿势"卷展栏

展开"扭曲姿态"卷展栏，出现的参数如图 7-14 所示。

上一个 / 下一个关键点←→：选择上一个或下一个扭曲姿势。

扭曲姿态列表：可以选择姿态，把它应用到选择的 Biped 骨骼中。

图 7-14

扭曲：将所应用的扭曲旋转的数量设置给链接到选定肢体的扭曲链接。

偏移：沿扭曲链接设置旋转分布。

添加：根据所选肢体的方向，建立出一个新的扭曲姿态。

删除：删除所选择的扭曲姿态。

默认：可以用默认的预设姿态来替换掉选择的扭曲姿态。

"弯曲链接"卷展栏

展开"弯曲链接"卷展栏，出现的参数如图 7-15 所示。

弯曲链接模式〉：该模式可以用来对多个链接进行旋转。

扭曲链接模式\：该模式与"弯曲链接模式"很相似，其使沿局部 X 的旋转应

图 7-15

用于选定的链接，并在其余整个链中均等地递增它，从而保持其他两个轴中链接的关系。

扭曲个别模式〉：该模式与"弯曲链接模式"基本相同，用该模式旋转时不会影响到父对象或子对象。

平滑扭曲模式\：此模式会在第一个和最后一个链接的局部方向上进行旋转。

零扭曲\：根据父对象的方向，沿局部方向将把每个子链接的旋转数值重置为 0。

所有归零｜：根据链的父链接的当前方向，沿所有轴将每个链接的旋转重置为 0。

平滑偏移：该功能可以用来设置旋转的分布区域。

"关键点信息"卷展栏

展开"关键点信息"卷展栏，出现的参数如图 7-16 所示。

下一个关键点 / 上一个关键点←→：选择骨骼的下一个或上一个关键点。

时间：该功能可以通过手动输入数值来控制关键点出现的时间。

设置关键点◉：可以移动骨骼在当前帧创建一个新的关键点。

删除关键点✖：删除选定骨骼在当前帧的信息。

设置踩踏关键点▲：设置一个骨骼踩踏的关键点，

设置滑动关键点▲：设置一个骨骼滑动的关键点。

图 7-16

设置自由关键点▲：设置一个自由形式的关键点，
如图 7-17 所示。

图 7-17

使用：启用该选项后，可以用"设置踩踏关键点"、"设置滑动关键点"或"设置自由关键点"来创建关键点。

张力：控制动画曲线的曲率。

连续性：控制关键点处曲线的切线属性来调整其连续性。

偏移：改变动画曲线与关键点的偏移。

轨迹〜：该功能用于显示和隐藏选定对象的轨迹。

剩下的参数比较少用，大家可以打开自行研究下，如图 7-18 所示。

图 7-18

"复制/粘贴"卷展栏

展开"复制/粘贴"卷展栏，出现的参数如图 **7-19** 所示。

创建集合![icon]：创建一个新的集合。

加载集合![icon]：用于加载集合文件。

保存集合![icon]：用于保存集合及其所有姿态、姿势和轨迹。

删除集合![icon]：移除选定的集合。

删除所有集合![icon]：移除所有集合。

Max 加载首选项![icon]：用于执行系统加载文件时操作的首选项。

姿势、姿态和轨迹 ![icon]：选择其中一个按钮来选择要进行复制和粘贴的信息种类。

图 7-19

姿态模式![icon]

复制姿态：对选择的骨骼对象的姿态进行复制并保存缓冲区中。

粘贴姿态：将复制到缓冲区中的姿态粘贴到选定的骨骼上。

粘贴相反姿态：将复制到缓冲区中的相反姿态粘贴到选定的骨骼上。

姿势模式![icon]

复制姿势：对选择的骨骼对象的姿势进行复制并保存缓冲区中。

粘贴姿势：将复制到缓冲区中的姿势粘贴到选定的骨骼上。

粘贴相反姿势：将复制到缓冲区中的姿势粘贴到选定骨骼的另一侧。

轨迹模式![icon]

复制轨迹：对选择的骨骼对象的轨迹进行复制并保存缓冲区中。

粘贴轨迹：将活动缓冲区中的一个或多个轨迹粘贴到 Biped 骨骼中。

粘贴相反轨迹：将复制到缓冲区中的一个或多个轨迹粘贴到选定骨骼的另一侧。

"运动捕捉"卷展栏

展开"运动捕捉"卷展栏，出现的参数如图 **7-20** 所示。

加载运动捕捉文件![icon]：加载 BIP、CSM 或 BVH 文件。

从缓冲区转化![icon]：过滤最近加载的运动捕捉数据。

从缓冲区粘贴![icon]：将运动捕捉数据粘贴到选定骨骼上。

图 7-20

显示缓冲区![icon]：将原始运动捕捉数据显示为红色线条图。

显示缓冲区轨迹![icon]：将选择的骨骼躯干部位的运动捕捉数据变为黄色区域。

批处理文件转化![icon]：把一个或多个运动捕获文件转变为 BIP 格式。

特征体形模式![icon]：开启该模式可以对骨骼的形体进行调节。

保存特征体形结构![icon]：在"特征体形"模式中更改 Biped 骨骼的比例后，可以将更改存储为 FIG 文件。

调整特征姿势![icon]：使用"调整特征姿势"可以修改两足动物的位置。

保存特征姿势调整![icon]：将特征姿势调整保存为 CAL 文件。

加载标记名称文件![icon]：加载标记名称文件。

显示标记![icon]：打开"标记显示"对话框，提供了用于指定标记显示方式的设置。

7.2 Skin 蒙皮技术

蒙皮是三维动画的一种制作技术。在为模型添加骨骼后，由于骨骼与模型是相互独立的，并不能让模型随着骨骼运动。为了让骨骼驱动模型产生合理的运动，就需要用蒙皮技术把模型绑定到骨骼上。

当为模型添加好骨骼后，单击模型，进入修改面板，在修改器列表中为模型添加一个"蒙皮"修改器。蒙皮共有 5 个卷展栏，这里对主要卷展栏进行讲解，如图 **7-21** 所示。

"参数"卷展栏

展开"参数"卷展栏，出现的参数如图 7-22 所示。

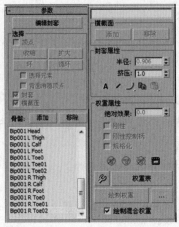

图 7-21 图 7-22

编辑封套：选择编辑封套并启用相应的子层级就可以对封套进行编辑了。

"选择"组

顶点：启用该命令可以对顶点进行选择。

收缩：逐渐取消选定对象的顶点，从而修改选定对象的顶点选择。

扩充：逐渐选取选定对象的顶点，从而修改选定对象的顶点选择。

环：以环状扩展当前的顶点选择。

循环：以循环的形式扩展当前的顶点选择。

选择元素：启用该选项后，可以对整个元素进行选择。

背面消隐顶点：启用该选项后，可以对视图背面的顶点进行忽略选择。

封套：开启该选项就可以对封套进行选择。

横截面：开启该选项就可以对横截面进行选择。

添加：单击该按钮会弹出"选择骨骼"对话框，在该对话框中可添加新的骨骼。

移除：单击该按钮可以对选定的骨骼进行移除。

"横截面"组

添加：可以为选择的骨骼添加横截面。

移除：用于移除掉选择的封套横截面。

"封套属性"组

半径：可以对封套横截面的半径大小进行调节。

挤压：可以对骨骼的挤压程度进行调节。

绝对 / 相对 ：决定如何为内外封套之间的顶点计算顶点权重。

封套可见性 ✎：可以显示出未选定的封套。

衰减弹出按钮 ⌐：为选定的封套添加衰减曲线。

复制 🖹：复制当前的封套信息。

"权重属性"组

绝对效果：输入骨骼相对于选定顶点的绝对权重。

刚性：使选择的顶点只受一个骨骼影响。

刚性控制柄：使选择的面片顶点的控制柄只受一个骨骼影响。

规格化：强制每个选定顶点的总权重。

权重工具 ⌖：显示"权重工具"对话框，该对话框提供了一些控制工具，用于设置选定顶点上指定和混合权重。

权重表：调用出一个权重表，可以用该表查看或修改所有骨骼的上的权重。

绘制权重：可以通过绘制的形式来很直观的设置选定骨骼的权重。

绘制选项 ⋯⋯：打开"绘制选项"对话框，可从中设置权重绘制的参数。

绘制混合权重：启用该选项后，系统会自动把点的权重均分，这样再去绘制，可以缓和绘制的值。

"镜像参数"卷展栏

展开"镜像参数"卷展栏，出现的参数如图 7-23 所示。

镜像模式：启用该模式，可以把封套或顶点镜像到另一边。

镜像粘贴🔲：将选择的封套或顶点粘贴到物体的另一边。

将绿色粘贴到蓝色骨骼🔲：把调整后的封套设置从绿色骨骼粘贴到蓝色骨骼。

将蓝色粘贴到绿色骨骼🔲：把调整后的封套设置从蓝色骨骼粘贴到绿色骨骼。

将绿色粘贴到蓝色顶点🔲：把调整后的顶点从所有绿色顶点粘贴到对应的蓝色部位。

将蓝色粘贴到绿色顶点🔲：把调整后的顶点从所有蓝色顶点粘贴到对应的绿色部位。

图 7-23

镜像平面：用于确定左侧和右侧的平面。

镜像偏移：沿"镜像平面"的轴，对镜像平面进行位置的调整。

镜像阈值：设置镜像的阈值。

显示投影：当"显示投影"设置为"默认显示"时，选择镜像平面一侧上的顶点会自动将选择投影到相对面。

手动更新：该功能可以通过手动单击来更新显示内容。

更新：在启用"手动更新"时，使用此按钮可使用新设置更新显示。

"高级参数"卷展栏

展开"高级参数"卷展栏，出现的参数如图 7-24 所示。

始终变形：可以用来对编辑骨骼和所控制点的方式进行切换。

参考帧：调节骨骼和网格的参考帧。

回退变换顶点：可以将网格链接到骨骼结构上。

刚性顶点（全部）：使选择的全部顶点只受一个骨骼的影响。

刚性面片控制柄（全部）：在面片模型上，强制面片控制柄权重等于结权重。

骨骼影响限制：限制可影响骨骼顶点的数目。

"重置"组

重置选定的顶点🔲：将选定顶点的权重重置为封套默认值。

重置选定的骨骼🔲：将调整后的骨骼属性恢复到初始值。

重置所有骨骼🔲：将所有调整过的骨骼恢复到初始值。

保存 / 加载：用于保存和加载封套相应的属性。

图 7-24

图 7-25

"Gizmo"卷展栏

展开"Gizmo"卷展栏,出现的参数如图 7-25 所示。

Gizmo 列表窗口:列出当前的"角度"变形器。

变形器下拉列表:列出可用变形器。

添加 Gizmo：该按钮可将选择的 Gizmo 添加给选定的顶点上。

移除 Gizmo：该按钮可将选定的 Gizmo 从列表中移除。

复制 Gizmo：复制一份 Gizmo。

粘贴 Gizmo：粘贴复制的 Gizmo。

7.3 关键帧动画

任何动画要表现运动或变化,至少前后要给出两个不同的关键状态,而中间状态的变化和衔接可由电脑自动完成,在 3ds Max 中,表示关键状态的帧动画叫做关键帧动画。

所谓关键帧动画,就是给需要动画效果的属性准备一组与时间相关的值,这些值都是在动画序列中比较关键的帧中提取出来的,而其他时间帧中的值,可以用这些关键值,采用特定的插值方法计算得到,从而达到比较流畅的动画效果。

想要制作出动画,就要先了解一些制作动画的简单工具。

7.3.1 时间滑块

时间滑块上可以记录关键点信息,系统默认显示是 100 帧,这些帧数都可以进行调节,如果不够可以增加,如图 7-26 所示。

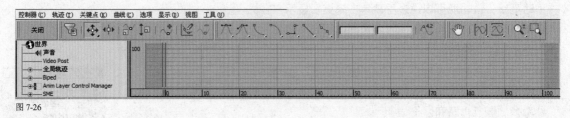
图 7-26

单击曲线编辑器按钮，就会弹出更加详细的动画轨迹视图,在这里可以更加细致快速地通过调节曲线来控制物体的运动状态。这里对一些主要参数进行讲解,如图 7-27 所示。

图 7-27

想要表现出动画的运动或变化,要给对象设置两种或两种以上不同的关键状态,做好这些必要准备,再由计算机计算出过渡帧的状态和变化,像这样表现关键状态的帧动画,在三维动画中称之为关键帧动画。

想要制作出动画,就要先了解一些制作动画的基本命令。

移动关键点：可以通过该按钮移动关键点。

滑动关键点：在移动关键点的同时,其相邻关键点会自动滑开一定的距离。

缩放关键点：按需要调节关键点的数量。

缩放值：按需要调节关键点值。

添加关键点：可以用该功能为曲线添加新的关键点。

绘制曲线：可以通过绘制的方式修改曲线。

减少关键点：删除选择的曲线上的关键点。

平移：该功能可以用来平移轨迹视图。

水平方向最大化显示：调整使得轨迹视图在水平方向上最大化显示。

最大化显示值 ：该功能可以用来最大化显示关键点的值。

缩放 ：该功能可以用来缩放时间视图。

7.3.2 关键帧设置

在时间滑块的右下方就是用来设置动画关键帧的工具，如图 7-28 所示。

自动关键点 自动关键点 ：开启自动关键点后，按钮、活动视口的轮廓以及时间滑块都会由灰色变成红色，此刻再改变模型相应的属性都会被系统自动记录下来。

设置关键点 设置关键点 ：开启设置关键点后，会与开启自动关键点有相似的变化，其中按钮、活动视口的轮廓以及时间滑块都会由灰色变成红色，如图 7-29 所示。启用该模式，可手动的设置关键点。

设置关键点 ：确定好调节的属性后，可以单击该按钮手动的为当前调整的属性设置关键点。

选定对象 选定对象 ：可以通过该功能快速的选择对象。

关键点过滤器 关键点过滤器... ：单击该按钮可以调用出"设置关键点过滤器"对话框，用该对话框可以更加详细的对关键点进行设置，如图 7-30 所示。

图 7-28

图 7-29

图 7-30

7.3.3 播放控制器

在关键帧设置的旁边就是播放控制器，播放控制器可以在视口中进行动画播放，如图 7-31 所示。

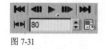

图 7-31

转至开头 ：可以通过该按钮将时间滑块移动到第一帧。

上一个帧 / 关键点 ：如果启用关键点模式，时间滑块将移动到上一个关键帧。

播放 / 停止 ：播放或停止活动视口中的动画。

下一个帧 / 关键点 ：如果启用关键点模式，时间滑块将移动到下一个关键帧。

转至结尾 ：可以通过该按钮将时间滑块移动到最后一个帧。

当前帧 ：用于显示时间滑块所处的位置。

关键点模式 ：使用该模式可以控制时间滑块在关键帧之间切换。

时间配置 ：可以打开"时间配置"对话框，"时间配置"对话框提供了帧速率、时间显示、播放和动画等设置，如图 7-32 所示。

"帧速率"组

有 4 种方式可供选择，分别标记为 NTSC、电影、PAL 和自定义。

FPS（每秒帧数）：采用每秒帧数来设置动画的帧速率。视频使用 30 fps 的帧速率，电影使用 24 fps 的帧速率，而 Web 和媒体动画则使用更低的帧速率。

"时间显示"组

为时间滑块设置不同的时间显示方式，有帧数、SMPTE、帧 :TICK 和分 :秒 :TICK4 种可供选择。

图 7-32

"播放"组

实时：实时功能可使播放的速率与当前"帧速率"的设置保持一致。

仅活动视口：可以通过该功能使动画只在活动视口中播放。

循环：可以通过该功能设置动画是播放一次，还是反复播放。

方向：可以通过该功能将动画设置为不同的播放方式，如向前播放、逆向播放或往复播放。

"动画"组

开始时间/结束时间：可以精确的控制在时间滑块中显示的时间段的起始值及结束值。

长度：控制时间段在时间滑块中显示的帧数。

帧数：用于渲染的帧数。

当前时间：控制时间滑块位于那一帧。

重缩放时间：单击该按钮会调用出"重缩放时间"对话框，该对话框可用于拉伸或收缩活动时间段的动画，如图 7-33 所示。

"关键点步幅"组

使用轨迹栏：用该功能可以使关键点模式匹配轨迹栏中的所有关键点。

仅选定对象：使用该功能只能调整选择的对象。

使用当前变换：禁用"位置""旋转"和"缩放"，并在"关键点模式"中使用当前变换。

位置、旋转、缩放：指定"关键点模式"所使用的变换方式。

图 7-33

Chapter (08) 毛发设计

本章概述

本章为3ds Max毛发技术部分，共分为两节。其中8.1节为Hair and Fur毛发系统的简介部分，8.2节为Hair and Fur毛发技术基础部分。毛发一直是三维动画中的难点，优秀的毛发会让角色更加鲜活。本章对Hair and Fur毛发技术的核心命令进行了详解。

核心知识点

❶ Hair and Fur毛发系统
❷ Hair and Fur毛发技术

8.1 Hair and Fur 毛发系统简介

毛发的制作一直都是动画角色制作的难点，不管是静帧作品还是动态作品，好的毛发都会让角色更加鲜活、细腻。随着技术的不断完善，现如今大多数的主流软件如 MAYA、3ds Max、LightWave 等都具有制作出逼真毛发的能力了。其中 3ds Max 的 Hair and Fur 毛发制作系统就是一款功能非常强大的毛发制作插件，它不仅可以制作出逼真的毛发造型，还能够用于树叶、花草等植物对象的创作，如图 8-1 和图8-2 所示。

图 8-1《怪兽公司》

图 8-2《冰川世纪》

这些经典的角色都可以用 Hair and Fur 毛发系统来进行模拟，该修改器可应用于要生长头发的任意对象，快速创建逼真的毛发效果，使用该修改器不仅可以设置毛发的长度、密度、状态等参数，还可以设置毛发颜色、光泽度以及阴影等参数，使毛发效果的创建更为简单快捷。

8.2 Hair and Fur 毛发技术基础

"头发和毛发"修改器是"头发和毛发"功能的核心所在。该修改器可应用于要生长头发的任意对象，既可为网格对象也可为样条线对象。如果对象是网格对象，则头发将从整个曲面生长出来，除非选择了子对象。如果对象是样条线对象，头发将在样条线之间生长，如图8-3 所示。

选择对象进入修改面板，在修改器列表中选择"Hair and Fur"修改器，便能够为对象添加毛发修改器了。Hair and Fur 修改器的参数有很多，这里我们仅对常用参数进行介绍，如图 8-4 所示。

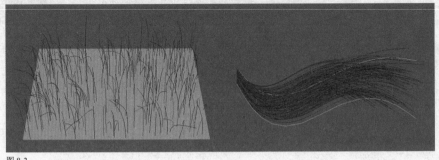

图 8-3

图 8-4

"选择"卷展栏

展开"选择"卷展栏，出现的参数如图 8-5 所示。

导向 :选择该层级可以使用"样式"卷展栏中的工具对毛发的导向线进行编辑。

面 :单击该按钮可以选择"面"层级。

多边形 :单击该按钮可以选择"多边形"层级。

元素 :单击该按钮可以选择"元素"层级，该层级可以通过单击一次选择对象中的所有连续多边形。

按顶点：启用该选项后，当选择子对象顶点时，系统就会自动对子对象进行选择。

图 8-5

忽略背面：启用该选项后，再选择相应的子对象时，系统都会忽略视图背面的对象。

"命名选择集"组

复制：将命名选择放置到复制缓冲区。

粘贴：从复制缓冲区中粘贴命名选择。

更新选择：根据当前子对象选择重新计算毛发生长的区域，对修改后的属性进行刷新显示。

"工具"卷展栏

展开"工具"卷展栏，出现的参数如图 8-6 所示。

从样条线重梳：用该功能可以使用样条线对毛发进行梳理。

重置其余：把调整后的毛发导向平均化。

重生毛发：把调整后毛发的各属性重置到默认值。

图 8-6

"预设值"组

加载：打开"头发预设"对话框，其中包含采用命名样本格式的预设列表。要加载预设值可双击其样本，如图 8-7所示。

保存：用户能够对自定义的毛发存储为预设值。

"发型"组

复制：对修改的毛发信息进行复制。

粘贴：将复制的毛发信息粘贴到选定的对象上。

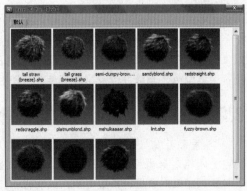

图 8-7

"实例节点"组

拾取：要指定毛发对象，可单击"拾取"按钮，然后选择要使用的对象，如图 8-8 所示。

用拾取对象拾取茶壶就可以用茶壶替换掉毛发

图 8-8

X 轴：可以停止使用实例节点。

混合材质：启用该选项后，会把对象上的材质与毛发上的材质合并为一个多 / 子对象材质，并赋予给生长对象。

"转换"组

使用转换组的工具可以将毛发修改器生成的毛发或导向线转变为可以编辑修改的 3ds Max 对象。

导向 -> 样条线：把导向转换为样条线对象。

头发 -> 样条线：把毛发转换为样条线对象。

头发 -> 网格：把毛发转换为网格对象。

渲染设置：调用出"效果"面板和卷展栏，并向场景添加头发和毛发渲染效果。

"样式"卷展栏

展开"样式"卷展栏，出现的参数如图 8-9 所示。

"选择"组

由头梢选择头发：选择该功能只需选择导向线末端的顶点就可以选择到毛发了。

选择全部顶点：选择该功能只需要选择导向线中的任意顶点，系统就会自动选择导向线上的所有顶点。

选择导向顶点：可以通过该功能选择导向线上的任意顶点。

由根选择导向：选择该功能只需选择导向线根处的顶点，系统就会自动选择导向线上的所有顶点。

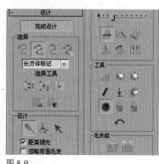

图 8-9

顶点显示下列列表 长方体标记 ▼ ：在下拉列表中提供了四种不同的顶点显示方式。

方框标记：把选择的顶点以小正方形显示。

加号标记：把选择的顶点以小加号的形式显示。

X 标记：把选择的顶点以 X 的形式显示。

点标记：把选择的顶点以点的形式显示。

"选择"组

反转：单击该命令可以对选择的顶点进行反转。

轮流选：单击该命令可以对旋转空间中的点进行选择。

扩展选定对象：可以用该命令增大选择的区域。

隐藏选定对象：单击该命令可以隐藏选择的导向头发。

显示隐藏对象：单击该命令可以显示出被隐藏的导向头发。

"设计"组

发梳：选择该模式，可以很方便的用拖动鼠标的方式来对毛发进行调整。

剪头发：该模式同样用拖动鼠标的方式对毛发进行修剪处理，如图 8-10 所示。

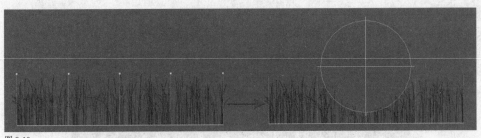

图 8-10

选择 ：单击该按钮可以变换为选择模式。

距离褪光：只适用于"头发画刷"。

忽略背面头发：可以忽略掉视口背面的毛发。

画刷大小滑块：该命令能够改变笔刷的大小。

平移 ：选择该命令可以通过拖动鼠标的方式来移动顶点，移动的方向就是鼠标拖动的方向。

站立 ：沿物体垂直方向移动选择的导向。

蓬松发根 ：该命令可以向曲面的垂直方向推选定的导向头发。

丛 ：该命令可以使导向之间相互聚拢或者分散开。

旋转 ：该命令可以对导向头发进行旋转。

缩放 ：该命令可以对导向进行放大或缩小操作。

"工具"组

衰减 ：根据毛发生成对象的面积来缩放选择的导向。

选定弹出 ：根据毛发生成对象的法线方向来弹出选择的头发。

弹出大小为零 ：该命令的效果与"选定弹出"的基本相同，但只能对长度数值为零的头发进行操作。

重梳 ：该命令可以把导向调整到与曲面平行。

重置其余 ：该命令可以使头发导向平均化。

切换碰撞 ：启用该选项后，再对头发进行调整时，系统会自动考虑头发是否发生碰撞。

切换 Hair ：该命令可以改变生成头发的视口显示类型。

锁定 ：该命令可将选定的顶点相对于最近曲面的方向和距离锁定。

解除锁定 ：该命令可解除对导向头发的锁定。

撤销 ：撤销最近的操作。

"头发组"组

拆分选定头发组 ：对选择的导向进行拆分。

合并选定头发组 ：对选择的导向进行合并。

"常规参数"卷展栏

展开"常规参数"卷展栏，出现的参数如图 8-11 所示。

毛发数量：设置 Hair 生成的头发总数，如图 8-12 所示。

图 8-11

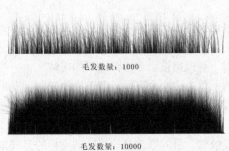

毛发数量：1000

毛发数量：10000

图 8-12

毛发段：毛发的段数，如图 8-13 所示。

段数：5　　　　　　　　段数：10

图 8-13

毛发过程数：设置头发的透明度。

密度：设置整体头发密度。

比例：设置头发的整体缩放比例。

剪切长度：该命令可将头发的长度按百分比进行调整。

随机比例：该命令可让头发有一定的随机值，避免太过重复。

根厚度：控制发根的厚度。

梢厚度：控制发梢的厚度。

置换：对头发进行置换操作。

插值：启用该选项，可以使头发生长与导向头发之间相互渗透。

"材质参数"卷展栏

展开"材质参数"卷展栏，出现的参数如图 8-14 所示。

阻挡环境光：可以输入数值来调整模型受环境光或漫反射影响的程度。

发梢褪光：启用该选项后，可以使毛发梢部由淡出到透明。

梢颜色：用于调整毛发梢部的颜色。

根颜色：用于调整毛发根部的颜色，如图 8-15 所示。

梢颜色：绿色　　　　　　　　根颜色：紫色

图 8-14　　　　　　图 8-15

色调变化：调整毛发颜色变化的范围。

值变化：调整毛发亮度变化的范围，如图 8-16 所示。

变异颜色：调整毛发变异的颜色。

变异 %：调整变异毛发的百分比。

高光反射：调整毛发上高光的亮度。

光泽度：调整毛发高光显示的大小，如图 8-17 所示。

色调/值变化：0.0

值变化：100.0

色调/值变化：100.0

图 8-16

高光：0.0　　高光：100.0　　高光：100.0
光泽度：0.0　　光泽度：75.0　　光泽度：0.1

图 8-17

高光反射染色：调整高光反射的颜色。

自身阴影：调整毛发阴影的显示程度。

几何体阴影：设置头发将从场景中收到的阴影效果的量。

几何体材质 ID：设置几何体渲染头发的材质 ID。

"卷发参数"卷展栏

展开"卷发参数"卷展栏，出现的参数如图 8-18 所示。

卷发根：调整根部头发的卷曲程度。

卷发梢：调整梢部头发的卷曲程度。

卷发 X/Y/Z 频率：调整头发各个轴上的卷发频率。

卷发动画：调整头发波浪运动的程度。

动画速度：调整动画噪波场通过空间的速度。

卷发 X/Y/Z 动画方向：调整卷发动画的各个方向。

图 8-18

"纽结参数"卷展栏

展开"纽结参数"卷展栏，出现的参数如图 8-19 所示。

纽结根：设置毛发在其根部的纽结置换量。

纽结梢：设置毛发在其梢部的纽结置换量。

纽结 X/Y/Z 频率：设置三个轴中每个轴上的纽结频率效果。

通过调节这些值产生的一些变化，如图 8-20 所示。

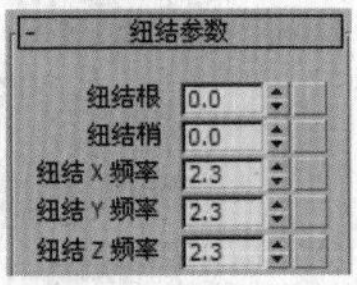

图 8-19

纽结根 / 纽结梢：0.0

纽结根：0.6

纽结梢：10.0

纽结根 / 纽结梢：0.6/10.0

图 8-20

"多股参数"卷展栏

展开"多股参数"卷展栏，出现的参数如图 8-21 所示。

数量：调整头发在每个聚集块中的数量。

根展开：为根部聚集块中的每根毛发提供随机补偿。

梢展开：为梢部聚集块中的每根毛发提供随机补偿。

随机化：随机处理聚集块中的每根毛发的长度。

图 8-21

"动力学"卷展栏

展开"动力学"卷展栏，出现的参数如图 8-22 所示。

"模式"组

无：选择该项系统将取消毛发的动力学模拟效果。

现场：选择该项毛发的动力学效果将在视口中以实时交互的方式进行模拟。

预计算：选择该项可以为头发生成 Stat 文件。

"模拟"组

起始：设置模拟范围的起始帧。

结束：设置模拟范围的结束帧。

运行：单击该按钮就可以对范围之内的毛发进行动力学模拟并生成 Stat 文件。

"动力学参数"组

重力：设置毛发受到重力的大小。

刚度：设置毛发受到动力学效果的强弱。

根控制：与刚度的效果基本相同，它只会在头发根部产生相应的影响。

衰减：调整头发由前进到下一帧的速度。

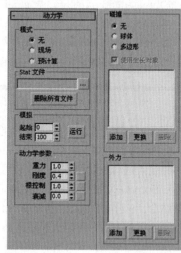

图 8-22

"碰撞"组

无：选择该项系统将取消模拟期间的碰撞。

球体：选择该项在毛发模拟碰撞时会使用球体边界框来计算。

多边形：选择该项在毛发模拟碰撞时会考虑物体中的每个多边形。

使用生长对象：开启该选项，会使得头发和物体产生碰撞。

添加 / 替换 / 删除：在列表中为选择的对象执行添加 / 替换 / 删除命令。

"显示"卷展栏

展开"显示"卷展栏，出现的参数如图 8-23 所示。

"显示导向"组

显示导向：开启该选项后，毛发在视口中使用颜色样本中所示颜色显示导向。

导向颜色：单击色块会弹出"颜色选择器"对话框，可以更改显示导向所采用的颜色。

图 8-23

"显示毛发"组

显示毛发：开启该选项后，在视口中显示毛发。

覆盖：禁用该选项后，系统会使用与其渲染颜色近似的颜色显示毛发。开启之后，则使用色样中所示颜色显示毛发。

百分比：调整毛发在视口中显示的百分比。

最大头发数：设置可在视口中显示的最大毛发数。

作为几何体：开启该选项后，毛发将不再是线条而是以几何体的方式进行渲染。

Chapter 09 粒子动画

本章概述

本章为3ds Max粒子动画部分，共分为两节。其中9.1节为Fume FX 粒子系统简介部分，9.2节为Fume FX重要命令部分。粒子动画是三维动画中要解决的难点问题，Fume FX作为一款基于流体动力学的插件系统，它为3ds Max的粒子动画模拟提供了强有力的支持。本章对Fume FX进行了命令讲解与分析。

核心知识点

❶ Fume FX粒子系统
❷ Fume FX重要命令

9.1 Fume FX 粒子系统简介

Fume FX 粒子系统（又称 Fume FX 流体动力学系统）是 SitniSati 公司于 2006 年 12 月出品的一款功能强大的动力学模拟软件，它可以真实的模拟出爆炸、烟雾、火焰、水墨、气流等复杂效果。

Fume FX 粒子系统为 Maya、3ds Max 等第三方动画软件提供渲染接口，特别是与 3ds Max 能够完美结合。Fume FX 与之前所有 3ds Max 的粒子插件相比较，最大的优势在于它不仅能优秀地仿真出复杂粒子的运动方式，同时也能够考虑到物理学中的重力、燃料、温度、重力、能量等要素对模拟效果的影响，从这一点上来看，该软件非常具有创新性。

对于复杂粒子和流体的动力学模拟一直是计算机图形届的难点，特别是 3ds Max 自带的粒子系统，无论从灵活性还是从仿真性上来看，与 Maya 的 Fluid effects 相比确实难以抗衡。为此，很多用户开始寻找外挂的模拟程序，直至 Fume FX 这一强大软件的诞生，它满足了 3ds Max 用户的遗憾。Fume FX 基于欧拉流体算法思想，可以精确仿真出各类粒子与流体运动的效果，从 CG 特效的角度来看是一次重大的革新。Fume FX 无论从交互式界面，亦或从渲染的效果来看，都是一款值得人们关注的产品。

目前，该软件的最高版本为 Fume FX 4.0。软件的官方网站为：http://www.afterworks.com。

从 SitniSati 公司官方网站所提供的作品来看，Fume FX 的效果是让人叹为观止的，能够满足影视大片中对于粒子、流体等特效的需求。

作品效果如图 9-1 所示。

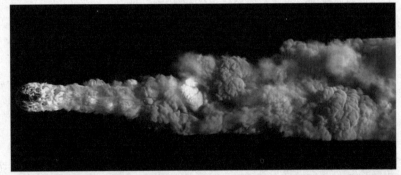

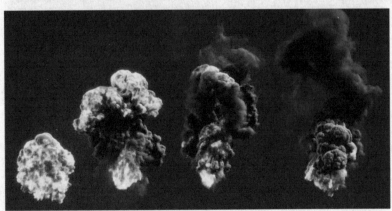

图 9-1

9.2 Fume FX 重要命令

Fume FX 分为两大命令面板，一个是它的基本参数面板（默认显示的两个卷展栏），一个是它的模拟面板（在常规参数卷展栏中可以打开），接下来我们就为大家逐一分析下这两个面板。

9.2.1 Fume FX 基本参数面板

安装好 Fume FX 插件后，进入创建面板 ⊞ 并选择几何体 ◯，在下拉列表中选择 Fume FX ，在创建类型中选择"Fume FX"，在视图中拖拉就可以创建一个 Fume FX 反应区了。Fume FX 有两个卷展栏，如图 9-2 所示。

"常规参数"卷展栏

展开"常规参数"卷展栏，出现的参数如图 9-3 所示。

预览窗口 ▣：单击该按钮，会弹出"Fume FX- 输出预览"对话框，可以对粒子效果进行预览，如图 9-4 所示。

图 9-2

图 9-3

图 9-4

Fume FX 面板 ▣：单击该按钮，会弹出"Fume FX 面板"对话框，在上面可以对粒子效果进行详细设置，后面会进行详细讲解。

设置 ▣：可以对一些常规参数进行设置。

关于 Fume FX ◢：关于 Fume FX 的一些基本信息。

"模拟区"组

间距：控制模拟计算的精度。网格越小，模拟计算的就越精细，但计算的时间会增加。如图 9-5 所示。

宽度 / 长度 / 高度：控制模拟区域的大小。

灵敏度：控制粒子包裹物体的精确程度。值越大，粒子包裹物体的精度就越高。

"视口"卷展栏

单击"视口"卷展栏，就会出现一系列参数，如图 9-6 所示。

"显示优化"组

减少细节：减少视图中粒子显示的数量。

阀值缩放：能够控制视图中粒子显示的范围。

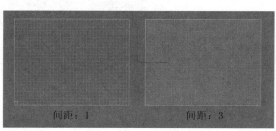
图 9-5

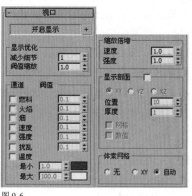
图 9-6

"通道、阀值"组

这里的设置很容易理解。通过勾选某个选项就可以在视图中显示相应的参数，后面的数值也可以单独调节粒子的显示，如图 9-7 所示。

"缩放倍增"组

速度：调节粒子的速度。

强度：调节粒子的强度。

"显示剖面"组

XY/YZ/XZ：从某一平面轴向上显示粒子的可视化信息，如图 9-8 所示。

位置：调整粒子显示的位置。

厚度：调整粒子显示的厚度。

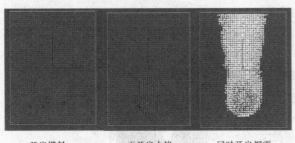

开启燃料　　　　再开启火焰　　　同时开启烟雾

图 9-7

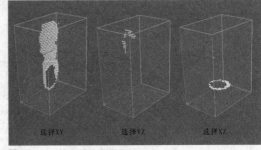

选择XY　　　　选择YZ　　　　选择XZ

图 9-8

9.2.2　Fume FX 模拟面板

单击常规参数里的该按钮■，会弹出"Fume FX 面板"对话框，这就是 Fume FX 的模拟面板，在其中可以对粒子效果进行详细设置，如图 9-9 所示。

打开预览窗口■：单击该按钮，会弹出"Fume FX 输出预览"对话框，可以对粒子效果进行预览，与常规参数卷展栏里的一样。

开始默认模拟◎：单击该按钮，开始对粒子进行模拟计算。

继续模拟◎：单击该按钮会继续对粒子进行模拟计算。

1."常规"选项卡

"常规"选项卡里的内容与"9.2.1 Fume FX 基本参数面板"基本相同，这里对上面没有涉及的常用内容进行讲解，如图 9-10 所示。

"输出"卷展栏

展开"输出"卷展栏，出现的参数如图 9-11 所示。

"范围"组

起始帧：设置模拟计算的开始帧数。

结束帧：设置模拟计算的结束帧数。

视口更新：对视口进行更新的次数设置。

通道导出：设置通道导出的元素信息。

输出路径：设置输出粒子文件保存的位置。

2."模拟"选项卡

选择"模拟"选项卡就会出现一些新的卷展栏，如图 9-12 所示。

"模拟"卷展栏

展开"模拟"卷展栏，出现的参数如图 9-13 所示。

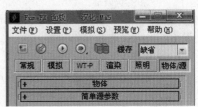

图 9-9

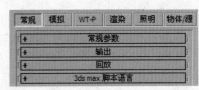

图 9-10

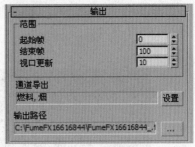

图 9-11

3ds Max动画案例高级教程

图 9-12

图 9-13

"模拟"组

质量：设置流体模拟质量的好坏，数值越大质量越高，但模拟的速度会相应变慢。

最大迭代次数：设置的越高获得的效果越好，但模拟的速度会相应变慢。

对流幅度：数值设置越小流体的动态越卷曲。

三次插值：3 次方插值，可以提高模拟质量，但渲染速度会相应变慢。

时间缩放：可以通过设置数值使流体的运行速度发生变化。

"系统"组

重力：可以设置粒子所受的重力。

速度：设置粒子模拟的速度。

速度衰减：可以设置粒子的衰减速度，模拟摩擦。

扰乱参数：可以设置粒子不同轴向上的扭曲。

"扰乱噪波"组

缩放：设置噪波大小。

细节：可以增加噪波的细节。

"燃料"卷展栏

展开"燃料"卷展栏，出现的参数如图 9-14 所示。

燃料浮力：可以设置燃料所受到的浮力。

燃点：可以设置燃点，燃料在达到燃点后就能够被点燃，一般设置越低越容易燃烧。

热量产生：可以设置燃料产生的热量高低。

火焰产生烟：可以设置燃料在计算过程中是否产生烟雾。

烟的密度：可以设置燃料所能产生的烟的浓度。

"烟"卷展栏

展开"烟"卷展栏，出现的参数如图 9-15 所示。

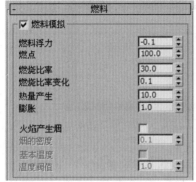

图 9-14

图 9-15

烟的浮力：设置烟所受浮力大小。

消散最小密度：设置烟消散的最小值，低于此数值的烟将会消失。

消散强度：控制烟消失的速度。

扩散比：控制烟分散的速率。

"温度"卷展栏

展开"温度"卷展栏，出现的参数如图 9-16 所示。

温度的参数与烟的参数基本相似，可参照学习。

3."渲染"选项卡

选择"渲染"选项卡就会出现一些新的卷展栏，如图 9-17 所示。

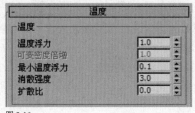

图 9-16

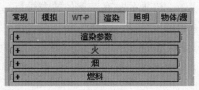

图 9-17

"火"卷展栏

展开"火"卷展栏，出现的参数如图 9-18 所示。

颜色：可以设置火焰的颜色，火焰的颜色可以设为渐变色或者单色。右键单击色条选择 Key Mode，能够转换成渐变模式，这种方法设置出来的火焰更加生动、细腻，如图 9-19 所示。

图 9-18

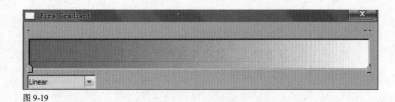

图 9-19

不透明度：可以通过数值或者透明度曲线来设置火焰的透明度。右键单击 该按钮，就可以使用透明度曲线来进一步调节火焰的透明度了，如图 9-20 所示。

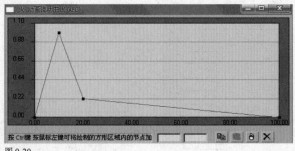

图 9-20

贴图：可以使贴图加入更多的细节，但是速度和内存消耗都受到影响。

Alpha：通过设置火焰 Alpha 通道的数值，来改变火焰背后的物体明暗程度。

"烟"卷展栏

展开"烟"卷展栏，出现的参数如图 9-21 所示。

低位 / 高位阀值：根据浓度设置的可见阀值。

环境颜色：设置烟所处的环境颜色。

烟的颜色：可以设置烟的颜色。烟的颜色可以设为渐变色或单色。右键单击色条选择 Keyless Mode，可转换为渐变模式，这种方法设置出来的烟会更加细腻、逼真，如图 9-22 所示。

不透明度：可以通过数值或者透明度曲线来设置烟的透明度。右键单击 按钮，就可以使用不透明度曲线来进一步控制烟的透明度信息了，如图 9-23 所示。

图 9-21

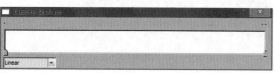

图 9-22

图 9-23

贴图：可以使贴图加入更多的细节，但是速度和内存消耗都受到影响。

可见度衰减：设置光线在烟中的衰减。

阴影衰减：设置影子在烟中的衰减。

投射阴影：设置烟是否投射阴影。

授受阴影：设置烟是否授受阴影。

"燃料"卷展栏

单击"燃料"卷展栏，就会出现一系列参数，如图 9-24 所示。

燃料的参数与烟的一致，大家可以参照学习。

4. "照明"选项卡

选择"照明"选项卡就会出现一些新的卷展栏，如图 9-25 所示。

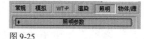

图 9-24   图 9-25

"照明参数"卷展栏

单击"照明参数"卷展栏，就会出现一系列参数，如图 9-26 所示。

"光源"组

拾取灯光 ：可以拾取要放进场景中的灯光。

删除灯光 ：可以删除不要的灯光。

"照明贴图"组

倍增：设置阴影贴图的强度。

减少采样 / 阀值：调节采样大小及采样细节。

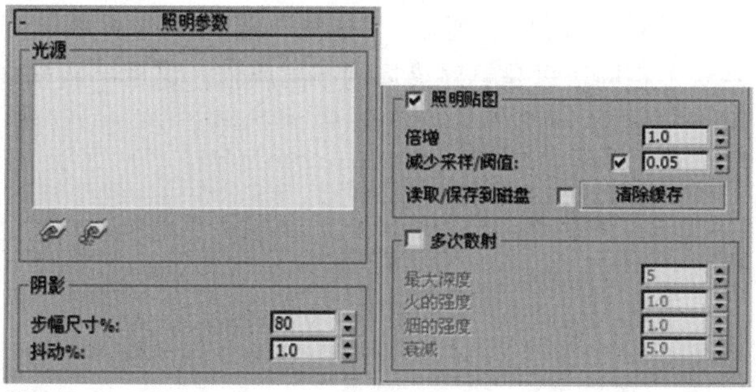

"多次散射"组

最大深度：设置的大速度会快些，小则会精确些。

火的强度：设置火焰照明的强度。

图 9-26

烟的强度：设置烟的照明强度。

衰减：灯光散射衰减的速度。

5. "物体/源"选项卡

选择"物体/源"选项卡就会出现一些新的卷展栏，如图9-27所示。

"物体"卷展栏

单击"物体"卷展栏，就会出现一系列参数，如图9-28所示。

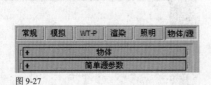

图9-27

图9-28

拾取物体：可以拾取要放进场景中的物体或者源。

删除物体：可以删除场景中的物体或者源。

"简单源参数"卷展栏

单击"简单源参数"卷展栏，会弹出一系列参数。这些参数是用来设置"源"的形状、类型以及"燃料""温度""烟""速度"和"扰乱"等属性的参数。下面对核心命令进行讲解，如图9-29所示。

活动：此项开启，简单源可被编辑。

"源"选项组

形状：这里提供了"球""圆柱""盒子"3种源的发射形势。

类型：提供"体积""壳""实体"3种类型供用户选择。

自由流体：勾选该选项可以定义发射源的角度。

直径：控制发射源的直径尺寸。

"燃料"选项组

类型：这里为"燃料"提供了3种类型供用户选择。

数量：控制燃料的数量。0即为消失。

贴图：可以为燃料加入纹理贴图来丰富细节。

"温度""烟""速度""扰乱"等属性的参数设定与"燃料"在用法上相同，仅是针对流体的不同属性，这里不再赘述。

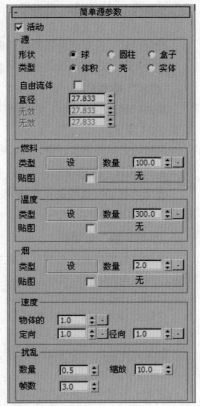

图9-29

PART

02

案例篇

☕|**重点指引**

　　"案例篇"是以综合性案例为主要诠释内容，是对"基础篇"中知识点的穿插运用。"案例篇"精选的综合实训案例大多孵化于北京林业大学艺术学院"三维动画设计"课程的学生作业，结合本课程的知识梯度，经过技术分析与反复论证最终得以确定下来的。本部分是与基础篇相匹配的实践环节，属于高级应用部分。

◉|**应用案例**

Chapter 10

组合的智慧——灯、夕照

案例分析

本例利用编辑修改器来进行模型制作，让大家明白通过简单的编辑修改器也可以制作出好看的作品，并简单了解建模、灯光、材质及输出渲染的全过程。马灯这个案例主要用到了车削、挤压、对称、布尔等编辑修改器来建模，再通过渲染出图到Photoshop中进行最后的整合处理。本案例的效果图如图10-1所示。

图10-1

10.1 马灯建模

制作步骤

01 进入创建面板 ❋ 并选择样条线 ⊘ ，在对象类型中选择"线"，选择前视图进行马灯上半部的创建，我们只需绘制出它的一半就可以了，如图 10-2 所示。

02 进入修改面板 ⊿ ，在修改器列表中 [修改器列表] ▾ 选择"车削"命令，此时样条线就会生成一个 3D 图形，通过分段数的调节就可以生成更平滑的图形，如图 10-3 所示。

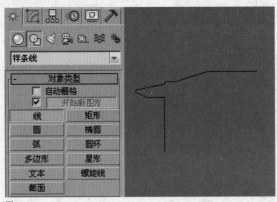

图10-2

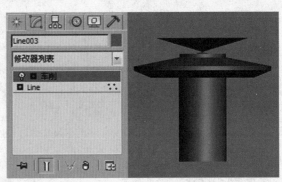

图10-3

03 此时的效果并不是我们想要的，单击车削命令前面的小下拉列表框 ⊞ ，选择"轴"选项，此时再通过选择并移动命令 ✥ ，就可以得到我们想要的图形，如图 10-4 所示。

04 到目前为止基本型就已经出来了，我们再为它增加相应的细节。在"修改器列表"中选择"壳"命令，为模型增加一个厚度，并设置壳的内部量约为 14 左右，如图 10-5 所示。

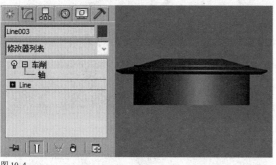

图 10-4   图 10-5

05 创建一个切角长方体并增加它的圆角分段，从得到更多的细节，并放置到模型相应的位置，如图 10-6 所示。

06 用"布尔"命令为其添加透气的孔洞，进入创建面板 并选择几何体，在下拉列表中选择复合对象 复合对象，此时就会出现一组新的对象类型，我们选择其中的"布尔"命令 布尔，单击"拾取操作对象 B"按钮 拾取操作对象B，并单击屏幕中创建的切角长方体，此时系统就会为我们减去模型之间相交的部分，这样就得到一个带孔洞的模型，如图 10-7 所示。

图 10-6

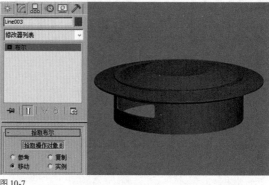

图 10-7

07 用同样的方法我们为模型制作更多的孔洞，如图 10-8 所示。

图 10-8

08 同上面的方法一样，我们先通过"线"绘制出模型的大概模样，再通过"车削"命令使二维图形生成一个三维的模型，然后用"壳"命令为模型生成厚度，最后用"布尔"命令为模型增加细节，用这样的方法我们制作了马灯的其他部分，如图 10-9 至图 10-13 所示。

图 10-9

图 10-10

图 10-11

图 10-12

图 10-13

09 上面是已经做好的马灯部分,通过组合我们就可以得到马灯大体的形状了,如图 10-14 所示。

图 10-14

10 接下来我们来制作马灯的两边支架,进入创建面板☀并选择样条线◎,在对象类型中选择"线",选择前视图进行绘制,一次绘制不准确可以到修改面板子层级中反复修改,直到满意,如图 10-15 所示。

11 进入修改面板☑,打开"渲染"卷展栏,启用"在渲染中启用"和"在视口中启用",并设置厚度为 240,此时样条线就会生成一个三维的柱体,如图 10-16 所示。

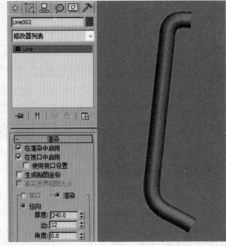

图 10-15

图 10-16

3ds Max动画案例高级教程

12 用同样的方法，通过绘制线条来生成支架周边的细节，如图 10-17 所示。

13 进入创建面板 ✿ 并选择样条线 ⌔，在对象类型中选择"线"，选择前视图把支架的挂钩部分绘制出来，如图 10-18 所示。

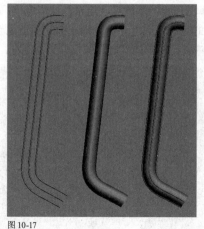
图 10-17

图 10-18

14 进入修改面板 ✐，在修改器列表中 选择"挤出"命令，此时样条线就会生成一个 3D 图形，把数量调节为 15，这样就给了生成的模型一个合适的厚度，如图 10-19 所示。

15 创建一个圆柱体，并放置到模型想要打洞的位置，如图 10-20 所示。

图 10-19

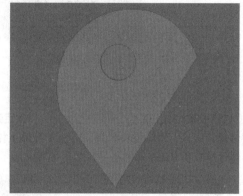
图 10-20

16 进入创建面板 ✿ 并选择几何体 ◯，在下拉列表中选择复合对象 [复合对象 ▾]，此时就会出现一组新的对象类型，我们选择其中的"布尔"命令 [布尔]，单击"拾取操作对象 B"按钮 [拾取操作对象 B]，并单击屏幕中创建的圆柱体，此时系统就会为我们减去模型之间相交的部分，这样就得到一个带孔洞的模型，如图 10-21 所示。

17 用同样"画线"的方式制作出支架上的铁丝，再通过"对称"命令就可以把选中的模型复制到相应的轴向上，进行组合就形成马灯的支架组成部分，如图 10-22 所示。

图 10-21

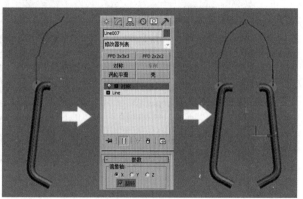
图 10-22

18 接下来我们就可以把制作出来的小零件组合起来，这样就形成了马灯的基本模型。完成了基本模型后，我们才能对马灯进行进一步的完善处理。之后我们还要给模型赋予相应的材质，以及灯光的设置，并把渲染的图片导入到 Photoshop 中进行简单的处理，使模型更加丰富，如图 10-23 所示。

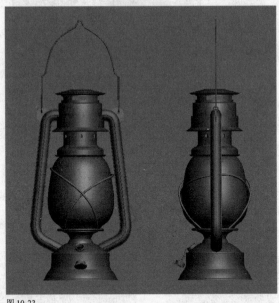

图 10-23

10.2 制作马灯材质

01 打开"渲染设置" 🖼️，在"公用"选项卡的"指定渲染器"卷展栏中单击"产品级"后面的 按钮，在弹出的"选择渲染器"对话框中选择"V-Ray Adv 2.10.01"渲染器，单击"确定"按钮，这样就将默认扫描线渲染器替换成了 VRay 渲染器了，如图 10-24 所示。

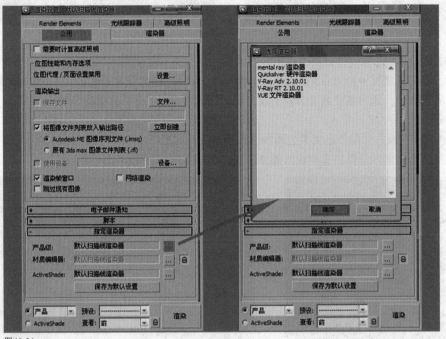

图 10-24

02 打开材质编辑器 ，选择空白的材质球，将其命名为"灯身"，并赋予除了玻璃罩以外的其他模型。单机"Standard"按钮 Standard ，在弹出的"材质/贴图浏览器"窗口中打开"V-Ray Adv 2.10.01"卷展栏，选择"VRayMtl" VRayMtl ，单击"确定"按钮就可以把标准材质转换为 VRay 材质，如图 10-25 所示。

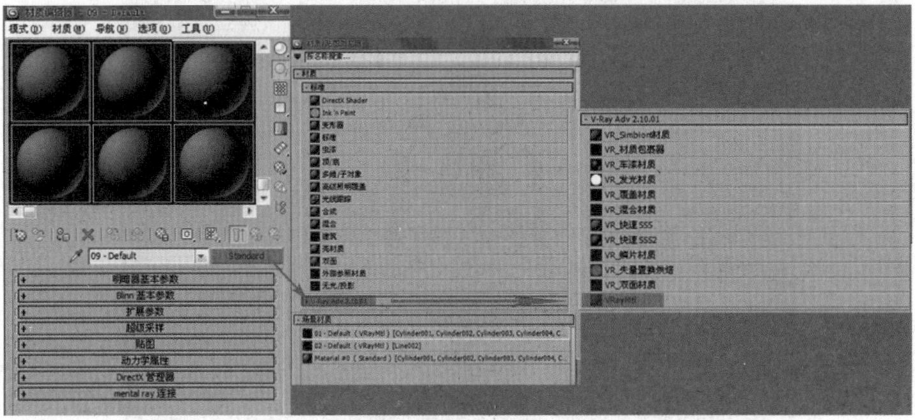

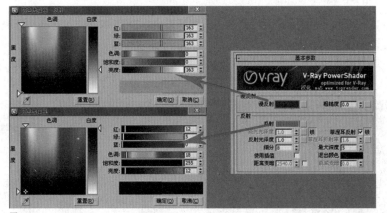

图 10-25

03 打开"基本参数"卷展栏，单击"漫反射"颜色块，设置成深褐色。单击"反射"颜色块，设置成灰白色，让材质具有反射效果，并勾选"菲涅耳反射"复选框，如图 10-26 所示。

图 10-26

04 同样的方法，选择空白材质球，将其命名为"灯罩"，把它转换为 VRay 材质，打开"基本参数"卷展栏，单击"漫反射"颜色块，设置成浅灰色。单击"反射"颜色块，设置成偏一点灰的黑色，让材质具有反射效果。单击"折射"颜色块，设置成白灰色，让材质具有折射效果，如图 10-27 所示。

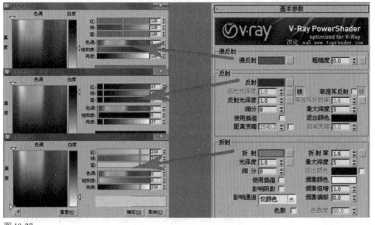

图 10-27

05 将材质赋予马灯后，模型就会更加细腻逼真，如图 10-28 所示。

图 10-28

10.3 为马灯添加灯光

01 进入创建面板 并选择灯光，在下拉列表中选择标准 标准 ，选择"泛光灯"，在灯芯的上部创建一盏泛光灯，如图 10-29 所示。

02 进入灯光的修改面板，打开"常规参数"卷展栏，开启阴影，并选择"VR- 阴影贴图"，打开"强度 / 颜色 / 衰减"卷展栏，把倍增设置为 2，颜色设置为淡淡的橙黄色，如图 10-30 所示。

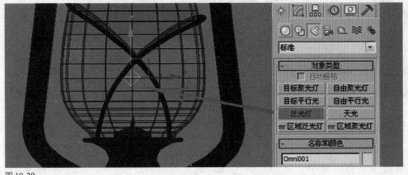

图 10-29

图 10-30

10.4 为马灯添加渲染背景

01 选择一张喜欢的图片，把图片直接拖到前视图中，此时会弹出"位图视口设置"对话框，单击"确定"按钮就可以把选择的图片载入到视口中，如图 10-31 所示。

图 10-31

02 把做好的马灯放置到相应的位置上，单击"渲染产品"按钮 🖸 就可以把制作的马灯渲染出来，单击"保存图像"按钮 🖫，选择要保存的文件夹，命名、选择格式后就可以保存了，如图 10-32 所示。

图 10-32

10.5 后期处理

打开 Photoshop，把渲染的图片拖入到 Photoshop 的窗口中，打开滤镜 滤镜(T) 菜单，在弹出的菜单中选择"渲染 > 镜头光晕"命令，在弹出的对话框中选择第一个"50-300 毫米变焦"，亮度调节为 60%，将光标调节到灯芯的位置，单击"确定"按钮就可以为图片添加镜头光晕的效果，这样就完成了整个马灯案例的制作，如图 10-33 所示。

图 10-33

本例小结

本例主要讲解了 3ds Max 几种建模方式中的二维图形以及修改器建模，用到了车削、挤压、对称、布尔等编辑修改器，同时还用到了简单的灯光、材质等，希望读者通过本例能够掌握制作模型的基本过程。

Chapter 11 多边形建模艺术——小熊超人

案例分析

本例主要运用多边形建模的方法，首先建立一个基本模型，转换为可编辑的多边形对象，然后通过对该多边形对象的各种子对象进行编辑和修改来实现建模。这种建模方法更利于我们建造"小熊超人"。本案例的效果图如图11-1所示。

制作思路

本例制作主要分4部分，分别为头部、身体、四肢和斗篷。头部与身体我们可以用一个球体通过缩放以及FFD修改器来调整，使其形成小熊模型的形状，再通过挤出、切线等命令进一步制作细节。四肢我们可以先制作出一小节，通过挤出、调整的方式来完成。斗篷可以通过面片修改的方式来完成。

图 11-1

11.1 参考图架设

制作步骤

01 进入创建面板并选择几何体，在对象类型中选择"平面"，选择前视图进行拖曳，把长度和宽度分别设置为 971 和 591，在时间轴的下方有个"绝对模式变换输入"，把 X、Y、Z 分别设置为 0，此时建立的平面就会居中到世界坐标轴的中心位置，如图 11-2 所示。

02 用"选择并移动"工具移动平面至水平线以上，如图 11-3 所示。

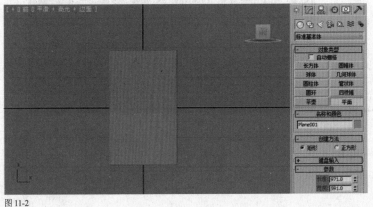

图 11-2   图 11-3

03 打开材质编辑器，赋予平面一个标准材质，单击漫反射后面的灰块，在弹出的"材质 / 贴图浏览器"窗口中，单击"标准"卷展栏下的"位图"按钮，在弹出的"选择位图图像文件"对话框中，选择小熊的前视图，单击"确定"按钮，这样就把小熊的前视图赋予了平面，如图 11-4 所示。

图 11-4

04 把赋予好小熊材质的平面在前视图中向 Y 轴移动一段距离，用相同的方式制作出另一个平面，并赋予平面小熊的侧面图材质，如图 11-5 所示。

图 11-5

11.2 小熊头部制作

01 进入创建面板 并选择几何体 ，在对象类型中选择"球体"，选择前视图，按照图片的位置创建小熊的头部，如图 11-6 所示。

02 进入修改面板 ，在修改器列表 中选择"FFD 3×3×3"修改器，选择修改器的控制点层级，对模型进行修改（此时可以按组合键 Alt+X 对模型进行透明显示，这样更易于我们调整模型），如图 11-7 所示。

图 11-6

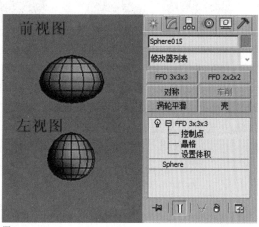

图 11-7

03 右键单击模型，把它转换为"可编辑多边形"，进入修改面板选择顶点层级，再通过"选择并移动"工具对照着图片进行精确调整，通过删除顶部的布线，重新连接生成新的更符合小熊的布线，如图 11-8 所示。

04 把头部模型的底面选中删除，进入边界层级，选中底部的边界，按住 Shift 键的同时用"选择并移动"工具拉出，并用"选择并均匀缩放"命令进行综合调节，选中嘴部位置的点按照图片进行调节，然后用"挤出" 挤出 命令挤出，并用"移动""缩放"命令调节，最终效果如图 11-9 所示。

图 11-8

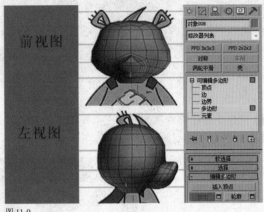

图 11-9

05 这时我们可以看到小熊的鼻子部分并不是很饱满，通过添加线段在调节点的位置就可以解决。头发也是一样的道理，选中头发位置的面，进行挤出并用"移动""缩放"命令进行调节，就可以很容易生成头发，如图 11-10 所示。

06 进入"面"层级，选择在左视图用"切割" 切割 命令沿小熊的鼻子部位进行切割，通过调整点的分布，使其更符合鼻子的布线。选中鼻子所在的面，用"分离" 分离 命令进行分离，通过挤出边界的方式进行修改，如图 11-11 所示。

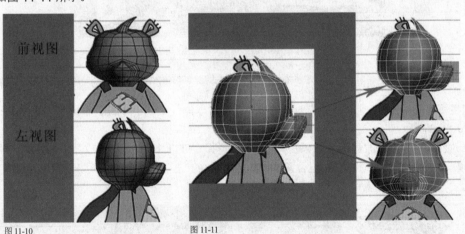

图 11-10　　　　　　图 11-11

07 用同样的方式进入"面"层级，选中眼罩的面，通过"分离"复制的方式提取出眼罩位置的面，给它一个"壳"的命令增加厚度，并赋予眼罩、鼻子相应的颜色，如图 11-12 所示。

08 眼睛的制作也是同样的道理，进入眼罩的"面"层级，选中眼睛所在的面，通过"分离"复制的方式提取出眼睛位置的面，给它一个"壳"的命令增加厚度，并赋予眼睛相应的颜色，在修改器列表 修改器列表 中选择"涡轮平滑"命令，分别赋予制作的模型以得到更平滑的效果，如图 11-13 所示。

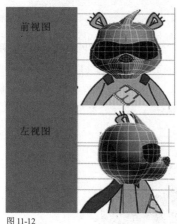

图 11-12   图 11-13

09 进入创建面板 :: 并选择几何体 ○，在对象类型中选择"长方体"，选择前视图进行拖曳，创建一个与小熊耳朵大小相似的长方体并转换为"可编辑多边形"，进入"面"层级，选择边进行加线细化，如图 11-14 所示。

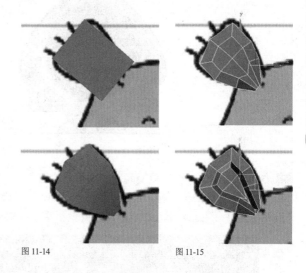

10 进入"面"层级，选中耳朵正面的面，单击插入 `插入` 命令，并选择合适的数值，模型就会插入一块新的面可以进行调解，再单击倒角 `倒角` 命令，并选择合适的"高度"与"轮廓"值，就会向里又插入一块新的面，如图 11-15 所示。

图 11-14   图 11-15

11 进入耳朵的"线"层级，进行加线细化，再进入耳朵的"顶点"层级，按照图片用"选择并移动"工具进行调节，并赋予耳朵相应的颜色，最后制作几个圆柱体简单地调节下，为耳朵添加细节，如图 11-16 所示。

12 到目前为止小熊的头部已经基本完成，制作出一部分后，另一部分可以用"镜像" `M` 命令来完成。通过建立简单的几何体，并用"FFD"修改器进行弯曲，就可以制作出眉毛、胡子、嘴巴等部位，如图 11-17 所示。

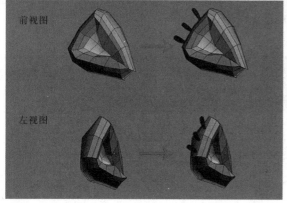

图 11-16

图 11-17

11.3 小熊身体制作

01 通过对小熊头部制作的学习，我想制作小熊身体也不会有什么问题了。进入创建面板 ⊡ 并选择几何体 ○，在对象类型中选择"球体"，选择前视图，按照图片的位置创建小熊的身体，如图 11-18 所示。

02 进入修改面板 ✎，在修改器列表 修改器列表 中选择"FFD 3×3×3"修改器，选择修改器的控制点层级，对模型进行修改（此时可以按组合键 Alt+X 对模型进行透明显示，这样更易于我们调整模型），如图 11-19 所示。

图 11-18   图 11-19

03 右键单击模型，把它转换为"可编辑多边形"，进入修改面板选择顶点层级，再通过"选择并移动"工具对照图片进行精确调整，通过删除顶部的布线，重新连接生成新的更符合小熊的布线，最后对模型使用"涡轮平滑"命令，再赋予相应的颜色就做出了小熊的身体，如图 11-20 所示。

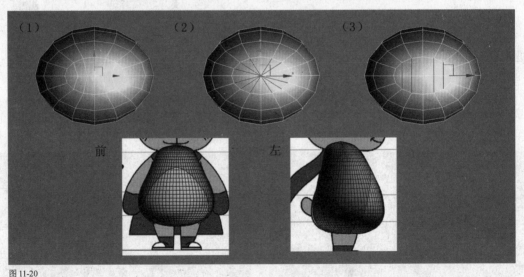

图 11-20

11.4 小熊四肢制作

01 进入创建面板 ⊡ 并选择几何体 ○，在对象类型中选择"圆柱体"，选择左视图，按照图片的位置创建小熊的胳膊，如图 11-21 所示。

02 右键单击模型，把它转换为"可编辑多边形"，进入修改面板选择面层级，选中两边的面进行删除。再选择"顶点"层级，通过"选择并移动"工具对照图片进行精确调整，如图 11-22 所示。

3ds Max动画案例高级教程

图 11-21

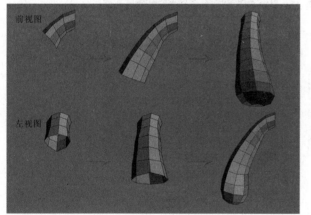

图 11-22

03 进入"边界"层级，选中外面的边界，按住 Shift 键的同时使用"选择并移动"工具进行拖曳就可以生成新的面，再通过"选择并移动"工具、"选择并旋转"工具和"选择并均匀缩放"工具，对照图片进行精确调整就可以得到胳膊的模型，如图 11-23 所示。

04 对模型使用"涡轮平滑"命令，再赋予相应的颜色就做出了小熊的胳膊，如图 11-24 所示。

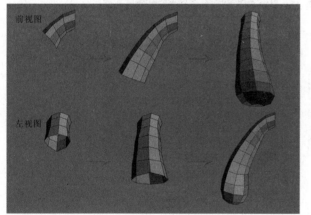

图 11-23

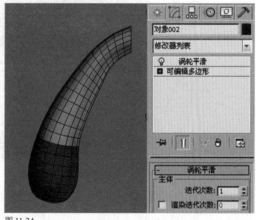

图 11-24

05 用同样的方法制作出腿部，如图 11-25 所示。

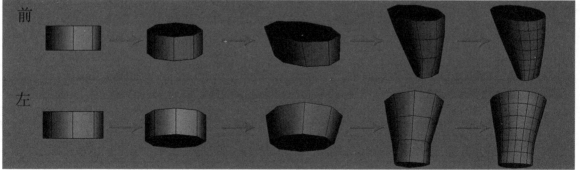

图 11-25

06 进入小熊腿部模型的"面"层级，选择底面的一圈点，用"分离"命令进行分离复制，对复制出来的面进行调整，使其包裹住小熊腿部的底部，如图 11-26 所示。

07 进入"边界"层级，选择面底部的边界，按住键 Shift 键的同时用移动工具进行拖曳就可以生成新的面，再进入"顶点"层级进行精细调节，如图 11-27 所示。

多边形建模艺术——小熊超人

105

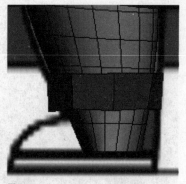
图 11-26

图 11-27

08 选择鞋子头部的面进行"挤出"操作,在挤出的同时进入"顶点"层级用"移动""缩放"等命令对基础的面进行处理,如图 11-28 所示。

09 选择"壳"修改器给鞋子一个适当的厚度,并对鞋子使用"涡轮平滑"命令,使鞋子更加细腻真实,如图 11-29 所示。

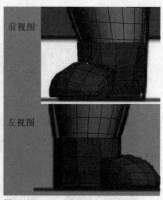
图 11-28

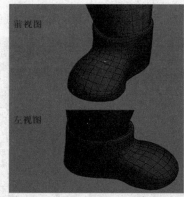
图 11-29

10 小熊的尾巴同身体一样,通过建立一个球体,再用"FFD"修改器进行修改就可以简单地制作出尾巴。把制作的模型进行组合,到目前为止小熊的整体已经制作得差不多了,如图 11-30 所示。

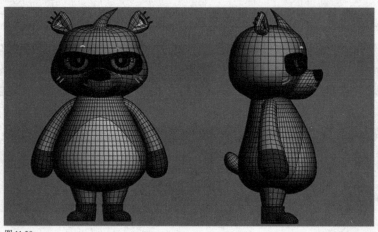
图 11-30

11.5 小熊斗篷制作

01 进入创建面板 并选择几何体 ,在对象类型中选择"平面",选择前视图,按照图片的位置创建小熊的斗篷,如图 11-31 所示。

02 把平面转换为可编辑多边形，进入"顶点"层级，对平面进行大概的调整，再进入"边"层级进行加线细化处理，如图 11-32 所示。

图 11-31   图 11-32

03 用同样的方式进入"边"层级，选中边进行加线细化，再进入"顶点"层级用"移动""缩放"等命令进行调整就可以得到更细致的模型了，如图 11-33 所示。

04 进入"边"层级，选中斗篷布带位置的边，按住 Shift 键的同时用移动工具进行拖曳就可以生成新的面，再进入"顶点"层级进行精细调节，如图 11-34 所示。

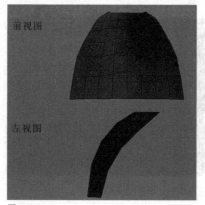

图 11-33

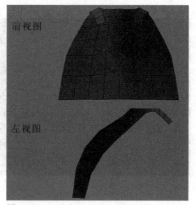

图 11-34

05 选择"壳"修改器给斗篷一个适当的厚度，并对斗篷使用"涡轮平滑"命令，使斗篷更加细腻，这样我们就完成了对小熊的制作，如图 11-35 所示。

图 11-35

11.6 架设摄像机及地面

01 在视图建立一个平面，并把长度分段进行提高，使平面在横向上得到更多的段数，如图 11-36 所示。

02 进入修改面板，在"修改器列表"中选择"弯曲"修改器，设置"角度"大约为 105、"方向"为 90，选择 Y 轴，并勾选"限制效果"，上限约 5500，根据自己制作的尺寸适当调节即可，如图 11-37 所示。

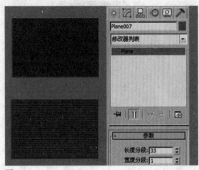

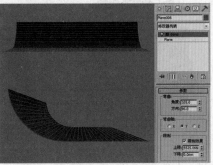

图 11-36　　　　　　　　图 11-37

03 把小熊放置到平面上，按组合键 Shift+F 就可以进入安全框模式，渲染出来的部分就是黄线内部的模型，把小熊放置到黄色线框内的合适位置。按组合键 Ctrl+C 就可以以当前窗口显示的样子创建一架摄像机，如图 11-38 所示。

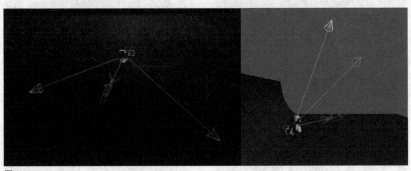

图 11-38

11.7 架设灯光及渲染出图

01 进入创建面板 ，并选择灯光 ，在下拉列表中选择标准 标准 ，选择"目标聚光灯"，在视图中创建一个聚光灯，把目标点放置在小熊上，进入左视图进行调节，如图 11-38 所示。

02 进入灯光的修改面板 ，打开"常规参数"卷展栏，开启阴影，并选择"VR-阴影贴图"，打开"强度 / 颜色 / 衰减"卷展栏，把倍增设置为 1，颜色设置为淡淡的橙黄色。另一盏灯是补光灯，关闭阴影，打开"强度 / 颜色 / 衰减"卷展栏，把倍增设置为 0.3，颜色设置为淡蓝色，如图 11-39 所示。

03 打开"渲染设置" ，在公用参数中把输出的图片大小调节得大一些，如图 11-40 所示。

图 11-39　　　　　　图 11-40

04 选中要渲染的视图，单击"渲染"按钮就可以进行渲染输出了，最终效果如图 11-41 所示。

图 11-41

12

材质的情感——
钢与冷的道白

案例分析

本案例将模拟生活中常见的金属材质、液体材质及透明玻璃材质的质感。在VRay渲染器中我们能够很容易实现这些材质的效果，本案例就是使用VRay的基础材质进行调节来制作手表模型的材质，使读者能够更全面地掌握VRay材质的使用方法。本案例的效果图如图12-1所示。

制作思路

本案例主要包括4种材质：地面的磨砂反射材质，水的材质，手表的金属材质以及表盖的玻璃材质。这些物体虽说都各自有各自的特性，但其实最主要的是反射、折射的变化，通过对这方面的细微调节我们就可以制作出这些材质了。其他的一些小材质通过颜色的修改就可以很容易实现。

图 12-1

12.1 手表金属材质制作

制作步骤

01 打开材质编辑器，选择空白的材质球，单击"Standard" Standard 按钮，在弹出的"材质/贴图浏览器"窗口中打开"V-Ray Adv 2.10.01"卷展栏，选择"VRayMtl" VRayMtl，单击"确定"按钮就可以把标准材质转换为 VRay 材质，如图 12-2 所示。

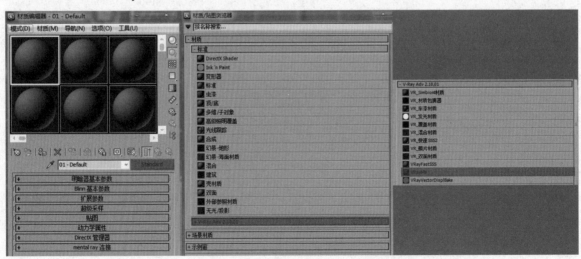

图 12-2

02 我们先制作白色的金属，打开"基本参数"卷展栏，单击"漫反射"颜色块，设置成接近白色（真实世界中没有纯白或者纯黑的东西，所以我们设置白时要留有一点灰色，这样才会显得更加真实），如图 12-3 所示。

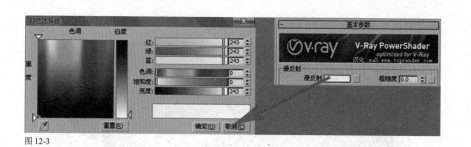

图 12-3

03 单击"反射"颜色块，设置成灰白色，让材质具有反射效果（单击材质编辑器右边的"背景"▨按钮，有利于观察材质变化），如图 12-4 所示。

图 12-4

04 金属表面反射的高光相对于木头、石头材质而言需要更加集中、强烈，把"高光光泽度"设置为 0.85，"反射光泽度"设置为 0.9，这样会得到相对准确的效果，如图 12-5 所示。

图 12-5

05 灰褐色的表盖金属制作方式与白色金属相似，选择新的材质球，打开"基本参数"卷展栏，单击"漫反射"颜色块，设置成灰褐色，如图 12-6 所示。

图 12-6

06 单击"反射"颜色块，设置成灰白色，让材质具有反射效果，把"高光光泽度"设置为 0.85，"反射光泽度"设置为 0.8，如图 12-7 所示。

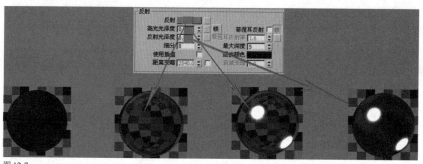

图 12-7

07 这样大体的金属材质基本完成，如图 12-8 所示。

图 12-8

12.2　手表内部金属材质制作

01 手表内部的材质与外部一样，但内部的表盘基本上是由多个颜色不同的金属组成，所以我们不能把一个材质直接赋予模型，这样我们就要学习使用"多维/子对象"材质。选择一个新的材质球，单击"Standard"按钮，在弹出的"材质/贴图浏览器"对话框中打开"标准"卷展栏，选择"多维/子对象" ![多维/子对象]，如图 12-9 所示。

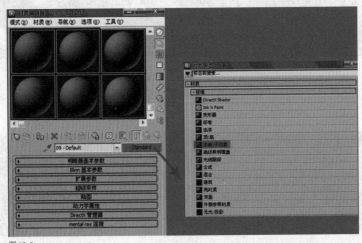

图 12-9

02 此时标准材质就转换成了多维子材质，此时共有 10 个 ID，我们需要几个设置几个就可以了，以表盘为例，我们需要 3 个不同的金属材质，这里的材质 ID 号与对象中的材质 ID 号是对应的（材质 ID 可以在修改面板中进入面层级，选中面进行修改），材质 1 对应的是灰色的部分，材质 2 对应的是中间的黑色部分，材质 3 对应的是外面的蓝黑色部分，只要进入相应的材质号中，用前述一样的方式进行调整就可以了，如图 12-10 所示。

03 表盘中还有一些东西也是同样的设置方式，只不过漫反射的颜色不同，材质的个数不同罢了，如图 12-11 所示。

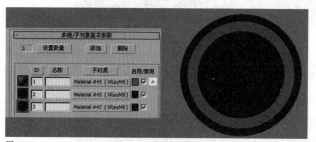

图 12-10

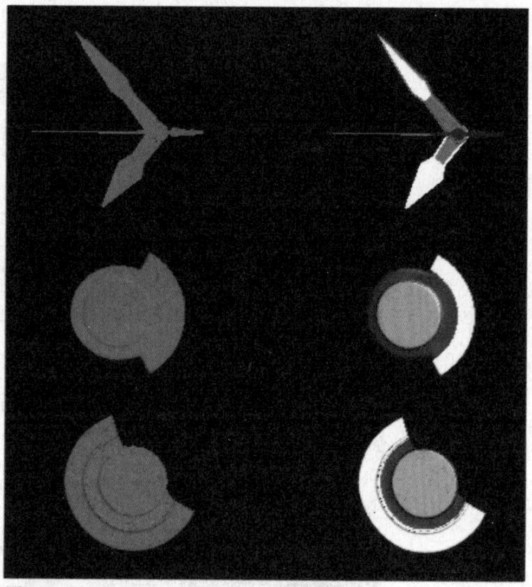

图 12-11

12.3 手表玻璃材质制作

　　手表外面的玻璃罩，我们只需要让它透明，保证透过玻璃罩能够清晰地看到手表内部就可以了，所以设置起来很容易。给它一个标准材质，其他的都不用动，只需要把"不透明度"调为 20 左右就可以了。玻璃的高光不用加，否则会影响观看手表的内部，如图 12-12 所示。

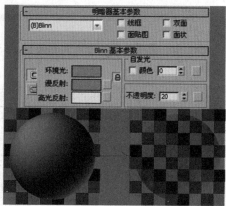

图 12-12

12.4 水滴材质制作

01 选择一个新的材质球，把它转化成 VRay 标准材质，漫反射颜色没有太大的关系，默认就可以。水的材质主要就是折射加上少许反射，把反射调成接近白色，同时勾选"菲涅耳反射"（用"菲涅耳反射"能够更准确地模拟物体表面的反射效果，它也会降低反射度），如图 12-13 所示。

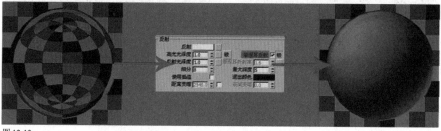

图 12-13

02 把折射打开，调为接近白色，把"折射率"调为 1.333（水的折射率约为 1.333），如图 12-14 所示。

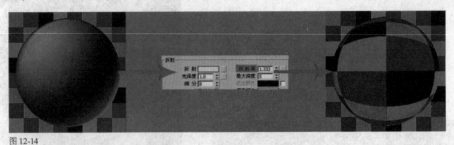
图 12-14

03 最后我们可以为水滴添加一些反射，把"高光光泽度"设置为 0.75，"反射光泽度"设置为 0.9，这样光打在水滴上会有明显的反光效果，不仅会使画面丰富，还更加符合水的特性（如果是很多的水我们还可以在"凹凸贴图"中添加"噪波"命令来模拟），如图 12-15 所示。

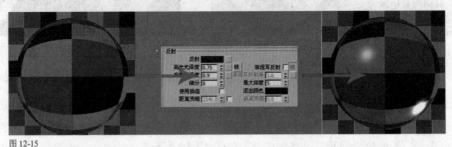
图 12-15

12.5 地面材质制作

01 选择一个新的材质球，把它转化成 VRay 标准材质，把反射调成接近白色，勾选"菲涅耳反射"，这样就形成了微弱的反射效果，如图 12-16 所示。

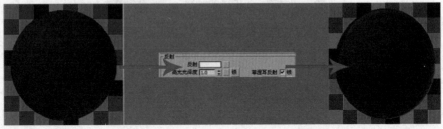
图 12-16

02 把"高光光泽度"设置为 0.85，"反射光泽度"设置为 0.8，得到模糊反射的效果，如图 12-17 所示。

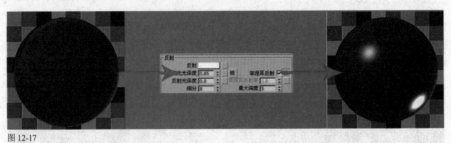
图 12-17

12.6　其他材质制作

　　剩下的就是数字、字母和标志等，这些小东西的材质主要就是颜色的变化，对整体没有太大的影响，仔细调节颜色的搭配就可以了，如图 12-18 所示。

图 12-18

12.7　渲染

01 为得到更好的渲染效果，我们需要对渲染参数进行相应的设置。打开渲染设置 🔲，在弹出的窗口中先设置"公用"参数，这里我们需要把输出图像的宽度和高度进行调节，设置为 1200×900 就可以，要是想要更清晰的图像也可以设置得更大些，如图 12-19 所示。

02 进入 VR- 基项中，打开"图像采样器（抗锯齿）"，图像采样器类型设置为"自适应细分"，开启抗锯齿过滤器，选择"Catmull-Rom"过滤器来增强边缘效果，如图 12-20 所示。

图 12-19

图 12-20

03 进入 VR- 间接照明中，在"间接照明（全局照明）"卷展栏中，开启全局光照，在首次反弹中选择"发光贴图"，在二次反弹中选择"灯光缓存"，如图 12-21 所示。

04 打开"发光贴图"卷展栏，在当前预置中选择"中"，也可以选择更高的选项，或者根据自己电脑的配置来选择，打开显示计算过程，如图 12-22 所示。

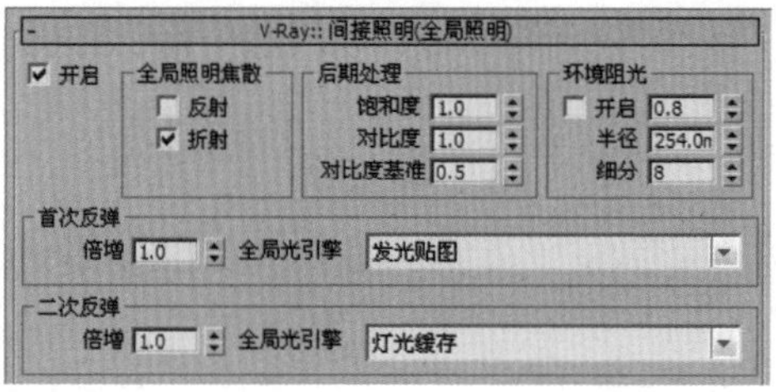

图 12-21

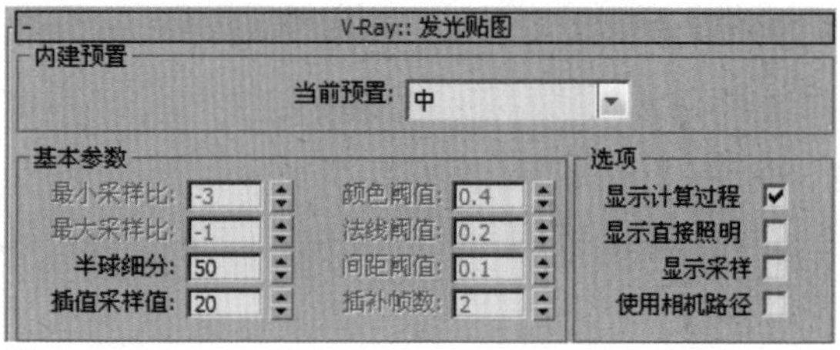

图 12-22

05 进入"灯光缓存"卷展栏中，把"细分"值设置为 1000，也可以更高，由电脑配置来决定，打开显示计算状态，如图 12-23 所示。

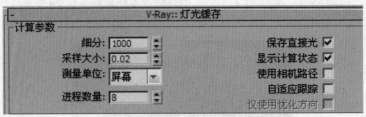

图 12-23

06 设置完渲染前的参数后，就可以单击"渲染"按钮进行渲染了，另一个表框只需将除内部模型外的其他模型选中进行复制，再调整摆位置放就可以了，最终效果如图 12-24 所示。

图 12-24

3ds Max动画案例高级教程

Chapter 13

灯光的魅力——
厨师与鱼

案例分析

灯光不管是在生活中还是在成品模型制作中都是非常重要的，灯光打得好不仅会使模型更加丰富细腻，还能够让观者更加集中于主体部分。布置灯光的原则也很简单，就是哪里有发光体就往哪里打灯光，就和现实生活中一样。本例将学习一个厨房灯光的简单布置，包括聚光灯、泛光灯等。案例的效果图如图13-1所示。

场景分析

本案例中包含4类主要模型，包括地面墙面、柜子桌子、瓶瓶罐罐的摆设和主体人物，都是比较卡通的模型，所以在制作中我们可以发挥自己的想象，不一定非要按照真实的厨房来制作。为了更好地突出主体人物，我们就给人物一个聚光灯，其他的东西都压在一个暗部里，这样就会让观者把注意力更加专注在厨师身上了。

图 13-1

13.1 场景主光布置

制作步骤

01 选择前视图，进入创建面板 并选择灯光 ，在下拉列表中选择"标准" 标准 ，选择"目标聚光灯"，在模型的左上方向人物打一盏灯光，如图 13-2 所示。

02 进入灯光的修改面板 ，打开"常规参数"卷展栏，开启阴影，并选择"阴影贴图"，如图 13-3 所示。

03 打开"强度 / 颜色 / 衰减"卷展栏，把倍增设置为 0.5，颜色设置为蓝灰色，因为模拟很暗的场景，所以要把倍增值设置得很低，灯光颜色也要设置得很暗，打开"聚光灯参数"卷展栏，为得到照射范围更加大的灯光，把"聚光区 / 光束"调节为 125，把"衰减区 / 区域"调节为 135，并选择矩形照射的方式，如图 13-4 所示。

图 13-2

图 13-3

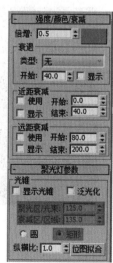

图 13-4

04 打开"阴影参数"卷展栏，把阴影的密度调节为 2，这样会使渲染出来的阴影更加厚重，如图 13-5 所示。

05 主光创建好后，我们就可以来创建辅光，这样可以尽量避免模型有主光照不到的暗面。选中主光，按住 Shift 键的同时用移动命令拖动主光就可以复制出一盏参数信息一样的辅光，如图 13-6 所示。

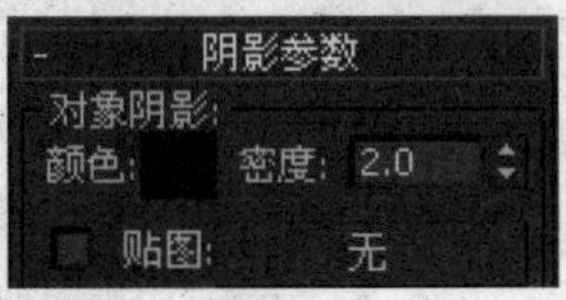

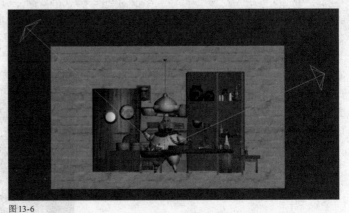

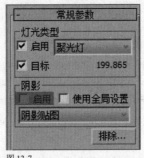

图 13-5

图 13-6

13.2 场景辅光布置

01 进入辅光的修改列表，打开"常规参数"卷展栏，把阴影关闭，辅光用来提供照明即可，如图 13-7 所示。

02 打开"强度 / 颜色 / 衰减"卷展栏，把倍增设置为 0.3，颜色设置为蓝灰色，辅光的强度要比主光暗一些，主要是用来打亮模型的暗部，如图 13-8 所示。

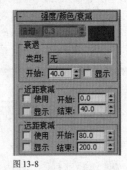

图 13-7

图 13-8

03 进入创建面板 并选择灯光 ，在下拉列表中选择"标准" 标准 ，选择"泛光灯"在前视图柜子的位置创建一盏灯光，并在其他视图进行调节，把它放置在柜子的内部，从而照亮柜子里的暗部，如图 13-9 所示。

04 进入修改列表，打开"常规参数"卷展栏，把阴影关闭。打开"强度 / 颜色 / 衰减"卷展栏，把倍增设置为 0.07，颜色设置为蓝灰色，如图 13-10 所示。

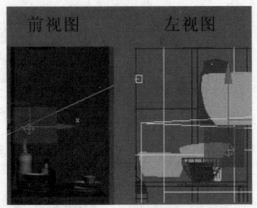

图 13-9

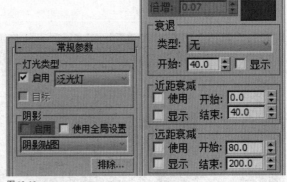

图 13-10

05 用同样的方式在左边的柜子里也创建一盏泛光灯，如图 **13-11** 所示。

06 进入修改列表，打开"常规参数"卷展栏，把阴影关闭。打开"强度 / 颜色 / 衰减"卷展栏，把倍增设置为 0.15，颜色设置为蓝灰色，如图 **13-12** 所示。

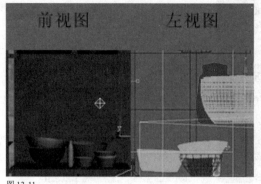

图 13-11

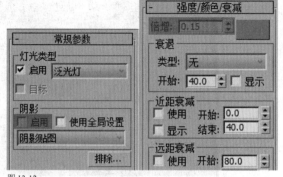

图 13-12

13.3 人物主光布置

01 人物的主光由人物所在位置上方的灯照射产生，我们可以用聚光灯来模拟这种集中的光照。进入灯光创建面板，在前视图灯具的位置创建一个"目标聚光灯"，并在其他视图进行调整，使其在灯具内，如图 **13-13** 所示。

02 打开"常规参数"卷展栏，把阴影打开，选择"VrayShadow"来得到更好的阴影效果。打开"强度 / 颜色 / 衰减"卷展栏，把倍增设置为 1.8，颜色设置为橙黄色，这样不仅可以让观者感觉更舒服，还能与周围的冷光形成对比来突出主体人物，如图 **13-14** 所示。

03 打开"聚光灯参数"卷展栏，把"聚光区 / 光束"调节为 50，把"衰减区 / 区域"调节为 66，并选择"圆"照射的方式，如图 **13-15** 所示。

图 13-13

图 13-14

图 13-15

13.4 人物辅光布置

01 选中人物主光，按住 Shift 键的同时用移动命令拖动主光就可以复制出一盏参数信息一样的辅光，如图 **13-16** 所示。

02 打开"强度 / 颜色 / 衰减"卷展栏，把倍增设置为 0.5，颜色设置为橙黄色，用更强的灯光打在菜板的位置，让人物从上到下有个亮度的变化，这样会显得更生动，如图 **13-17** 所示。

图 13-16

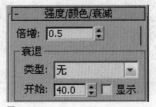

图 13-17

03 在人物帽子下方创建一盏泛光灯，人物的帽子很大会遮住许多灯光，在底部创建一盏冷冷的灯光能够起到补充照明的作用，如图 13-18 所示。

04 进入修改列表，打开"常规参数"卷展栏，把阴影关闭。打开"强度 / 颜色 / 衰减"卷展栏，把倍增设置为 0.3，颜色设置为深蓝色，开启近距衰减，调节到合适的范围就可以了，保证灯光只影响到人物头部周围，如图 13-19 所示。

图 13-18

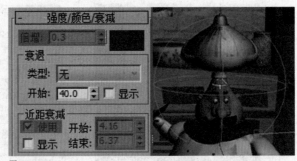

图 13-19

05 从墙面背后打一盏目标平行光来强调模型的边缘，也能使场景物体和墙面分开，如图 13-20 所示。

06 打开"常规参数"卷展栏，关闭阴影。打开"强度 / 颜色 / 衰减"卷展栏，把倍增设置为 0.35，颜色设置为蓝灰色，如图 13-21 所示。

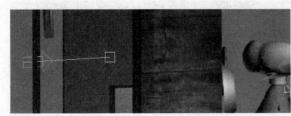

图 13-20

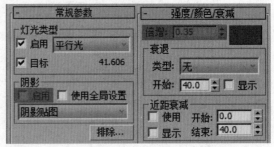

图 13-21

07 打开"平行光参数"卷展栏，调节"聚光区 / 光束"参数为 130，"衰减区 / 区域"参数为 135，并选择"矩形"的光照方式，如图 13-22 所示。

图 13-22

13.5　架设摄像机

　　按组合键 Shift+F 进入安全框模式，渲染出来的部分就是黄线内部的模型，并调节窗口到满意的位置，按组合键 Ctrl+C 就可以以当前窗口显示的样子创建一架摄像机。

13.6　渲染

01 打开渲染设置，在弹出的对话框中选择设置"公用"参数。这里我们需要把输出图像的宽度和高度调节为 1024 和 768，如图 13-23 所示。

02 进入 VR- 基项中，打开"图像采样器（抗锯齿）"卷展栏，图像采样器类型设置为"自适应细分"，开启抗锯齿过滤器，选择"Catmull-Rom"过滤器来增强边缘效果，如图 13-24 所示。

图 13-23

图 13-24

03 进入 VR- 间接照明中，在"间接照明（全局照明）"卷展栏中关闭全局光照，本案例所制作的效果比较特殊，所以不用开启全局光照。

04 设置完渲染前的参数后，就可以单击"渲染"按钮进行渲染了，最终效果如图 13-25 所示。

图 13-25

Chapter **14** 摄像机穿越——展馆漫游

案例分析

本案例将为大家介绍摄像机动画的创建，摄像机动画顾名思义就是通过摄像的视角来游览整个场景，也就是一个一个的镜头，调节摄像机不同的运动轨迹就可以得到不同形式的镜头，把这些镜头渲染结合起来就可以得到成片了。摄像机动画在制作动画中是一定要用到的，在表现建筑、场景、产品展示等时候也都会用到，所以摄像机动画的使用是很普遍的。这个案例我们就通过介绍一个书画馆的动画来为大家讲解摄像机动画的制作流程，如图14-1和图14-2所示。

制作思路

这个场景包括的模型部分是比较简洁的，主要就是两个展示书画的曲面墙壁，一些字画和桌椅等小物件。灯光方面主要是用目标聚光灯和泛光灯来打亮场景。

图 14-1

图 14-2

14.1 场景模型制作

制作步骤

通过前面章节的学习，相信这个案例模型部分的制作大家肯定没什么问题了，基本上就是通过基本多面形稍微调节组合而成，这里就不再叙述了。其中的一部分模型在这里为大家展示下，如图 14-3 至图 14-7 所示。

图 14-3

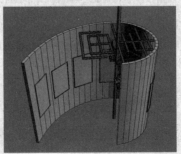

图 14-4

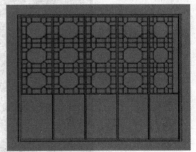

图 14-5

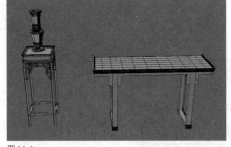

图 14-6

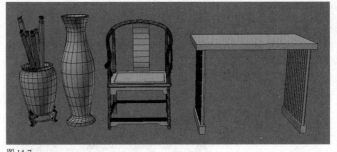

图 14-7

14.2 赋予材质贴图纹理

上面的模型都是用很简洁的图形拼合而成的，这样我们就需要用贴图来表现它们的细节及变化。怎么赋予材质贴图大家也已经掌握了，这里我们还是用上面的简单模型进行贴图。为大家展示下贴图后的效果，如图 14-8 至图 14-12 所示。

图 14-8

图 14-9

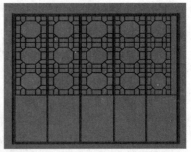

图 14-10

图 14-11

图 14-12

14.3 灯光架设

01 我们先为场景创建大的光源，进入创建面板 选择灯光 ，在左视图为第一个曲形展览墙创建一盏自右上向左下方照射的目标聚光灯，如图 14-13 所示。

02 进入灯光的修改面板，打开"常规参数"卷展栏，把阴影打开，选择"阴影贴图"效果。打开"强度 / 颜色 / 衰减"卷展栏，把倍增设置为 2，颜色设置为橙黄色，这样我们就可以营造出温暖的氛围，如图 14-14 所示。

图 14-13   图 14-14

03 打开"聚光灯参数"卷展栏,把"聚光区 / 光束"调节为 33,把"衰减区 / 区域"调节为 50,并选择"圆"照射的方式,如图 14-15 所示。

04 打开"高级效果"卷展栏,勾选"漫反射"和"高级反射",让灯光对物体的反射产生效果,如图 14-16 所示。

图 14-15   图 14-16

05 接下来我们可以创建曲形展览墙里的装饰灯。这个灯用泛光灯来模拟就可以了,进入创建面板 选择灯光 ,在照明灯的里面创建一盏泛光灯,如图 14-17 所示。

06 进入灯光的修改面板,打开"常规参数"卷展栏,把阴影关闭。打开"强度 / 颜色 / 衰减"卷展栏,把倍增设置为 4,颜色设置为橙黄色。打开远距衰减,把开始设置为 80,结束设置为 200,如图 14-18 所示。

07 打开"高级效果"卷展栏,勾选"漫反射"和"高级反射",如图 14-19 所示。

图 14-17   图 14-18   图 14-19

08 用复制的方式复制出两个一样的泛光灯，分别放在相应的灯罩里，如图 14-20 所示。

09 用同样的方式把这些制作好的灯光复制到第二个曲形展览墙上，并用同样的方式制作出其他装饰灯光，如图 14-21 所示。

图 14-20

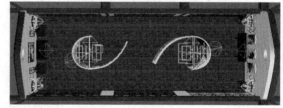
图 14-21

14.4 摄像机架设

01 我们先来制作第二个曲形展览墙里的镜头，通过架设一台自下而上的摄像机，以表现字画和灯饰。进入创建面板，单击"摄像机"在上视图向曲形展览墙里打一台摄像机，并在其他视图进行调整，如图 14-22 所示。

02 摄像机的参数保持默认就可以了。接下来我们可以为摄像机设置动画了，打开自动记录关键帧，当视口外框变红后就可以对摄像机设置动画了，如图 14-23 所示。

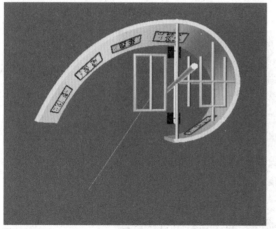
图 14-22

图 14-23

03 目标摄像机由摄像机和目标点组成，所以我们可以分别对摄像机和目标点进行动画的创建。选择 170 帧并选择摄像机的目标点，通过移动工具把目标点向右上移动一段距离，这时在帧数的位置就会被系统自动记录一个关键帧，如图 14-24 和图 14-25 所示。

图 14-24

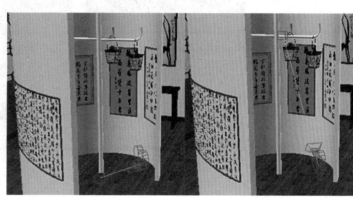
图 14-25

04 接下来为摄像机也设置一个自下而上的动画,让目标点与摄像机都向上运动,选择150帧并选择摄像机,通过移动工具把目标点向右上移动一段距离,这时在帧数的位置就会被系统自动记录一个关键帧,如图14-26和图14-27所示。

图 14-26

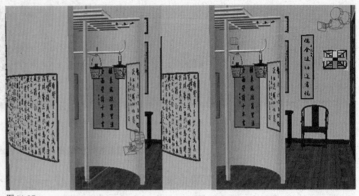

图 14-27

05 第一个镜头表现的曲面展览墙里的一些装饰,接下来我们来制作表现整体空间的一个镜头。选择上视图,在房间的下方角落向上方架设一台摄像机,如图14-28所示。

06 我们同样分别对摄像机和目标点进行动画的创建。选择150帧并选择摄像机的目标点,通过移动工具把目标点向左上移动一段距离,如图14-29所示。

图 14-28

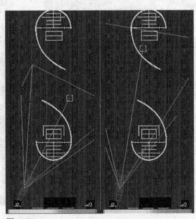

图 14-29

07 同样在150帧的地方为摄像机也设置一个向左上方移动的动画,如图14-30所示。

图 14-30

08 接下来我们来制作一个表现放着桌子椅子及字画墙头的特写镜头。选择上视图，在左面的椅子的部位架设一台摄像机，如图 14-31 所示。

09 用同样的方法分别对摄像机和目标点创建动画。选择 150 帧并选择摄像机的目标点，通过移动工具把目标点向右面椅子的部位移动一段距离，如图 14-32 所示。

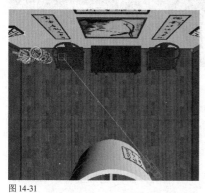
图 14-31

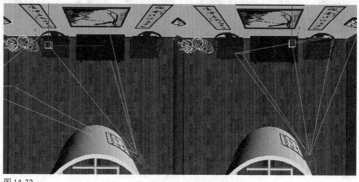
图 14-32

10 同样在 150 帧的地方为摄像机也设置一个向右面椅子的部位移动的动画，如图 14-33 所示。

图 14-33

11 最后我们在另一个曲面展览墙里创建一台摄像机，这台摄像机主要用来表现展览墙里的字画。选择上视图，向展览墙里面架设一台摄像机，如图 14-34 所示。

图 14-34

12 同样分别对摄像机和目标点创建动画，因为展览墙里的空间比较小，所以我们需要多设置些关键帧来表现这里的镜头。选择 30 帧并选择摄像机的目标点，通过移动工具把目标点向左上移动一段距离，再选择 80 帧，用移动工具把目标点再向左下移动一段距离，如图 14-35 所示。

图 14-35

13 同样对摄像机也要多几个关键帧，在 80 帧的地方为摄像机设置一个向下方移动并旋转的动画，再在 140 帧为摄像机设置一个向后拉的动画，如图 14-36 所示。

图 14-36

14.5 渲染设置

01 打开渲染设置，在弹出的对话框中选择"公用"参数，把输出图像的宽度和高度分别设置为 1024 和 684，如图 14-37 所示。

02 进入 VR- 基项中，打开"V-Ray：图像采样器（抗锯齿）"卷展栏，图像采样器类型设置为"自适应 DMC"，开启抗锯齿过滤器，选择"区域"，如图 14-38 所示。

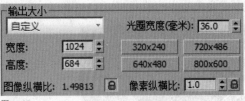

图 14-37

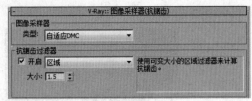

图 14-38

03 选择时间输出中的范围，并把范围设置为 0~150（根据要渲染的帧数范围而设定），在渲染输出中勾选"保存文件"，设置路径，选择保存文件格式为 tif，如图 14-39 和图 14-40 所示。

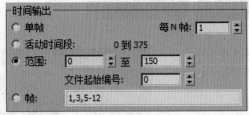

图 14-39

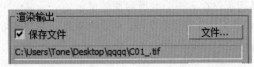

图 14-40

04 进入 VR- 间接照明中，打开"V-Ray：间接照明（全局照明）"卷展栏，开启全局照明，把首次反弹的全局光引擎设置为"发光贴图"，把二次反弹的全局光引擎设置为"灯光缓存"，如图 14-41 所示。

05 打开"V-Ray：发光贴图"，把当前预设设置为"中 - 动画"。打开"V-Ray：灯光缓存"，把细分设置为 500，勾选"保存直接光"。也可以设置为更高的参数，根据自己机器的配置而定，如图 14-42 所示。

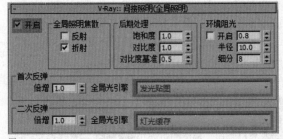

图 14-41

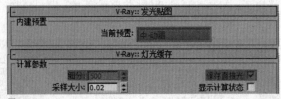

图 14-42

14.6 渲染出图

　　设置好渲染参数后就可以进行渲染了。渲染出来的图片会自动保存在设置的相应目录里，再导入到后期软件里进行合成就可以了。这里我们展示几组渲染好的图片，如图 14-43 至图 14-46 所示。

镜头一：

图 14-43

镜头二：

图 14-44

镜头三：

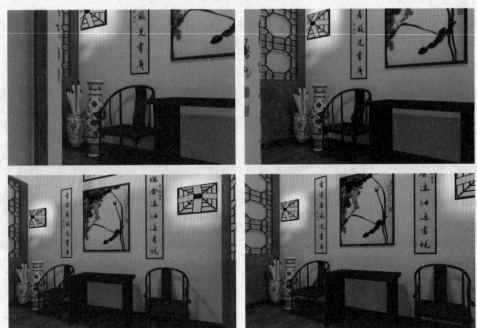

图 14-45

镜头四：

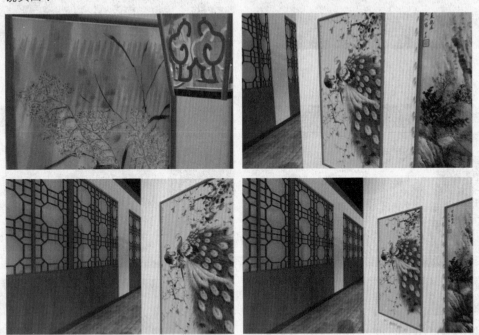

图 14-46

案例分析

本例将系统地制作一个完整的静态作品，从前期绘制草图，到实体建模、UV、绘制贴图、绑定骨骼、Pose调试、渲染以及后期处理等。当然前期建模等部分我们已经有所涉及了，本例会主要讲解如何为制作好的模型绑定骨骼、蒙皮和调试Pose，本例效果如图15-1所示。

图 15-1

15.1 角色模型制作

制作步骤

01 可以在纸上或 Photoshop 中简单地绘制出角色的前视图和侧视图，有了参考图后不仅能提高建模速度，还能避免一些捉摸不定的错误，如图 15-2 所示。

图 15-2

02 进入创建面板 并选择几何体 ，在对象类型中选择"平面"，选择前视图进行拖曳，把长度和宽度分别设置为图片的大小，把图片赋予平面。在时间轴的下方有个"绝对模式变换输入" ，把 X、Y、Z 分别设置为 0，此时建立的平面就会居中到世界坐标轴的中心位置，如图 15-3 所示。

03 用"选择并移动" 工具移动平面至水平线以上，如图 15-4 所示。

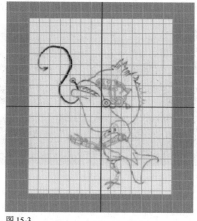

图 15-3

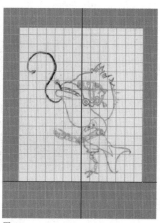

图 15-4

04 把赋予好材质的平面在上视图向 Y 轴移动一段距离，用相同的方式制作出另一个平面，并赋予角色平面的正面图，如图 15-5 所示。

图 15-5

05 在前视图创建一个平面，把它转化为多边形，进入点的层级并按照前视图草图眼眶的样子进行调节，如图 15-6 所示。

06 进入边层级，选中边，按住 Shift 键的同时用移动工具进行拖动，就可以生成新的面，再进入"点"层级进行精细调节（我们先建立眼眶的一小部分，再通过拖曳复制调节的方式不断制作出一圈眼眶的位置），如图 15-7 所示。

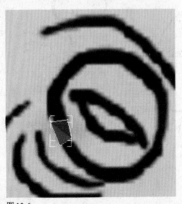

图 15-6

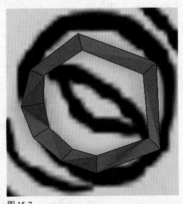

图 15-7

07 用同样的方法拖曳边复制出新的面，再通过拖曳复制调节的方式不断制作其他部分，如图 15-8 所示。

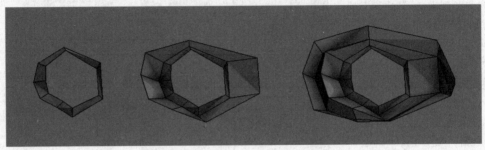

图 15-8

08 在前视图创建一个平面，把它转化为多边形，进入点层级对照嘴部，按照嘴部的走向进行调节，在按照如图 15-9 所示。

09 进入边层级，按住键盘上的 Shift 键同时用移动工具进行拖动生成新的面，按照嘴部的走向进行调节直至做完半个嘴部，如图 15-10 所示。

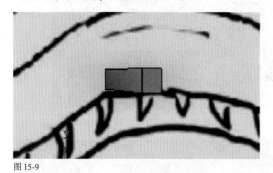

图 15-9

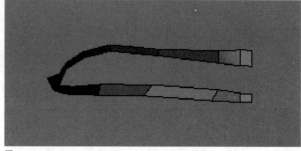

图 15-10

10 使用 Shift 键配合移动工具不断生成新的面，再进入点层级进行调节就可以不断完善嘴部的模型制作，如图 15-11 所示。

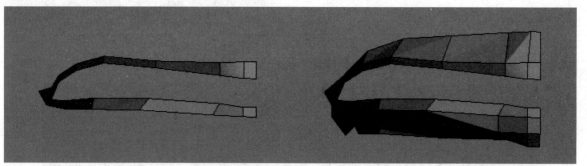

图 15-11

11 嘴部的大型基本制作完成，进入修改面板，选择"对称"命令，此时就会把制作好的左边的嘴对称到右边，但此时并不是我们想要的效果，如图 15-12 所示。

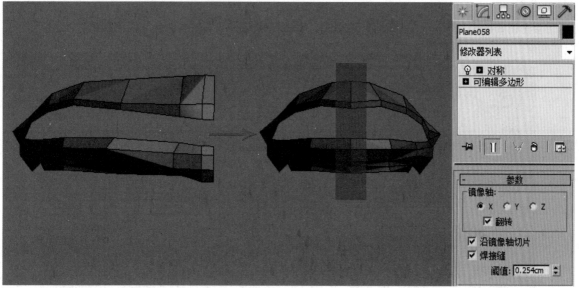

图 15-12

角色动画——超凡鱼侠

12 在修改面板中，单击"对称"的子层级，选择"镜像"，此时再用移动工具就可以把错误的对称方式修改过来，如图 15-13 所示。

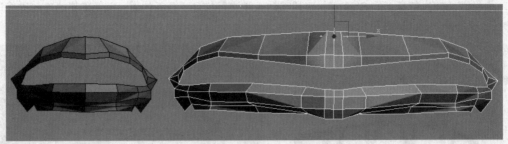

图 15-13

13 把模型转化为多边形，进入边界层级，选择嘴部里边的边界，按住 Shift 键的同时用移动工具向里拖出一个小面，以控制嘴部平滑时的圆滑程度，如图 15-14 所示。

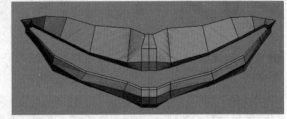

图 15-14

14 用同样的方式再向里拖曳，调节出角色的口腔，如图 15-15 所示。

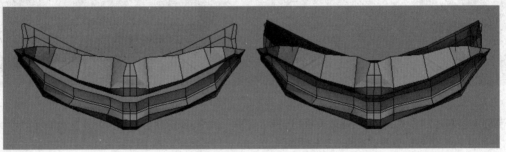

图 15-15

15 主要部位做好后，选择一个模型，使用"附加"命令把其他模型都附加进来，再通过桥接、切线等命令，把这些模型连接成一个整体，如图 15-16 所示。

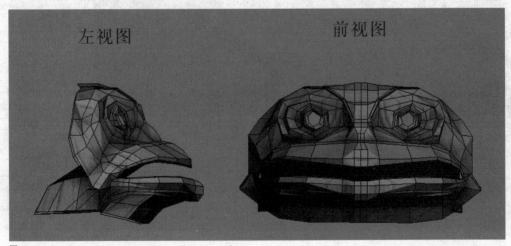

左视图   前视图

图 15-16

16 用同样的方式接着制作出角色的脑袋部分，因为后面我们看不到，并且不需要很多细节，所以我们可以用较少的段数表现角色的后脑部，不必像眼睛和嘴巴这样用这么多段数，平滑后也可以节省段数，如图 15-17 所示。

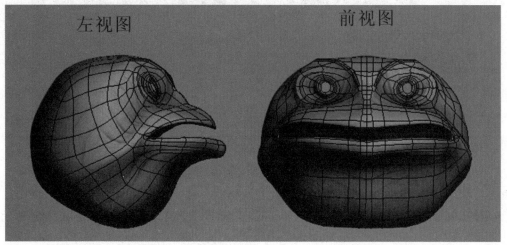

图 15-17

17 耳朵的制作方式也很简单（与小熊耳朵的制作方式基本相似，请参照 Chapter 11 多边形建模的艺术——"小熊超人"），先建立一个立方体，对照着耳朵不断进行加线调节，逐渐达到耳朵的形状，切记不要一下子就给很多面数，要慢慢地，一步一步地不断细化，直到调节到令人满意的效果，如图 15-18 所示。

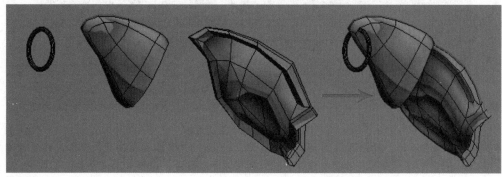

图 15-18

18 机械眼睛部分虽然看起来挺复杂，其实都是由基础模型组成的，我想通过上述案例的讲解大家都能很容易完成，看看它的分解图就明白了，如图 15-19 和图 15-20 所示。

图 15-19

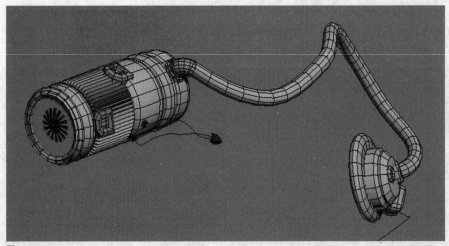

图 15-20

19 牙齿和头发就更简单了,大家可以自行尝试下,通过组合的方式就可以把头部制作完成,如图 **15-21** 所示。

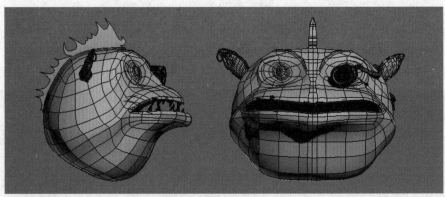

图 15-21

20 身体的制作同头部一样,先沿着头部制作出一部分,在按住 Shift 键拖曳生成新的面,对生成的新面进行调节,一块一块地制作出身体,被衣服遮住的部分就可以不用做了,这样能节省面数,如图 **15-22** 所示。

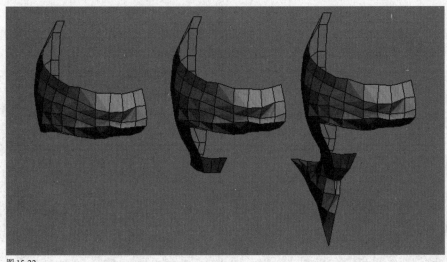

图 15-22

21 衣服部分的制作同身体一样，如图 15-23 所示。

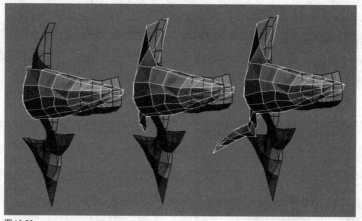

图 15-23

22 选中做好的模型，进入修改面板对它使用"对称"命令，通过调节镜像轴就可以得到完整的模型，再对其使用"涡轮平滑"命令，模型就会更加细腻，如图 15-24 所示。

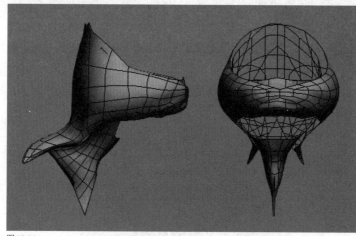

图 15-24

23 角色的其他模型就不再一一讲解了，方法都与上述方法一样，只不过是调节成不同的形状，如图 15-25 至图 15-28 所示。

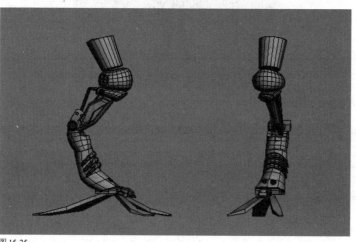

图 15-25

图 15-26

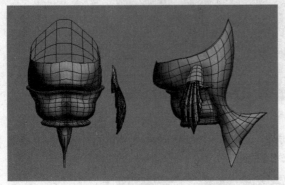

图 15-27

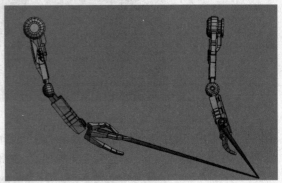

图 15-28

24 简单地组合下就可以得到我们的角色模型了，其他一些桌子、椅子、黑板等简单几何形体的制作这里就不再介绍了，最终效果如图 15-29 所示。

图 15-29

15.2　UV 制作

01 这里主要以头部的 UV 为例，单击头部，进入修改面板，为头部添加一个"UVW 展开"修改器，如图 15-30 所示。

02 选择 UVW 展开下的"边"层级。在"选择方式"下选择"点对点接缝" 的方式，分别选择后脑中间线和口腔分隔线，如图 15-31 所示。

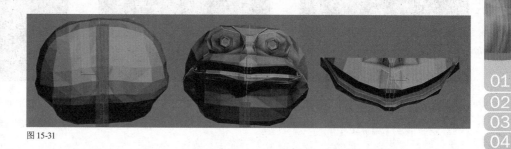

图 15-30 图 15-31

03 选择完毕后，进入"剥"卷展栏中，单击"将边选择转换为接缝" 按钮，将红色的边选择确定为蓝色的接缝。全选头部除口腔外的所有点／线／面，使用"毛皮贴图" 展开，如图 15-32 所示。

04 同样方法将口腔展开，并将两部分 UV 图合理放置在棋盘格区域内，选择编辑 UVW 面板中的"工具"，在下拉列表中选择"渲染 UVW 面板"，在弹出的渲染 UVs 面板中将宽度、高度分别设置为 1024，其他参数默认，单击"渲染 UV 模板"按钮 渲染 UV 模板 进行渲染，如图 15-33 所示。

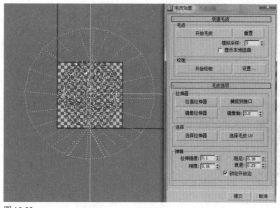

图 15-32

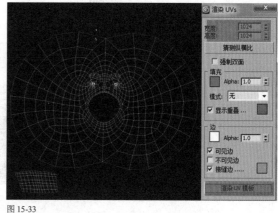

图 15-33

05 用相同方法分别获得袖子、身体、耳朵、蹼、裤子、燕尾服 UV 展开图，如图 15-34 至图 15-39 所示。

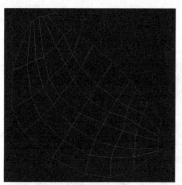

图 15-34 袖子

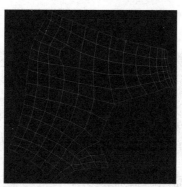

图 15-35 身体

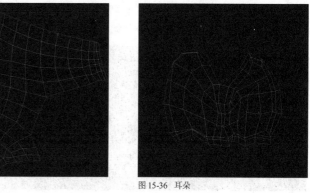

图 15-36 耳朵

15 角色动画——超凡鱼侠

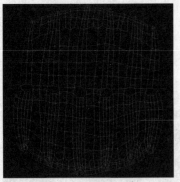
图 15-37 蹼

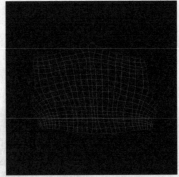
图 15-38 裤子

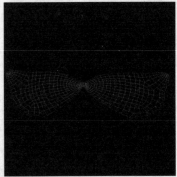
图 15-39 燕尾服

15.3 贴图绘制

01 这里也是以角色头部的贴图绘制为例，把头部的 UV 线框导入到 Photoshop 中，把背景图片复制出来。单击背景图层，选择"图像"，在下拉列表中，把鼠标移到"调整"上，在下拉列表中选择"色相 / 饱和度"，把"明度"滑块滑到最黑的部位，按"确定"按钮，再选择一个灰色的地方，确认后背景就变成了一张灰色的图片，如图 15-40 所示。

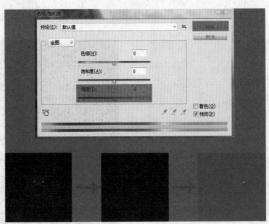
图 15-40

02 单击"背景 副本"选择"魔棒工具"，用魔棒工具单击背景副本上黑色的部分，选中后右键单击，在弹出的下拉列表中选择"选取相似"，此时就会把黑色区域全部选中，单击 Delete 键就可以对选中的区域进行删除，此时就可以得到只有 UV 线的背景副本图层，再用"色相 / 饱和度"统一黑色，这样就可以在"背景副本"与"副本"之间建立图层，更有利于绘制贴图，如图 15-41 所示。

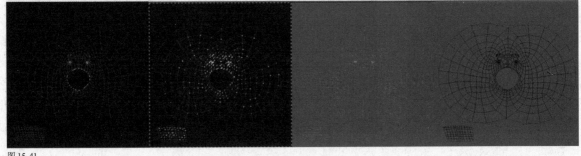
图 15-41

03 在"背景 副本"与"副本"之间建立新的图层，对照着 UV 线框绘制贴图就可以了，绘制的贴图如图 15-42 所示。

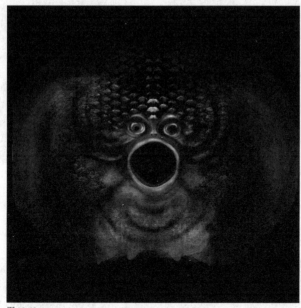

图 15-42

04 其他贴图也用同样的方式进行绘制，效果如图 15-43 至图 15-47 所示。

图 15-43　身体

图 15-44　蹼

图 15-45　燕尾服

图 15-46　袖子

图 15-47　裤子

15.4　骨骼绑定

01 选中模型的手臂部分，我们先为机械手臂分组，分别选择模型的上臂、前臂和手掌部分进行成组，如图 15-48 所示。

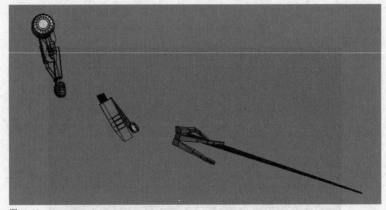

图 15-48

02 进入创建面板 并选择系统 ，在"对象类型"卷展栏中选择"骨骼"，在手臂的左视图中按照机械手臂的形状创建骨骼，如图 **15-49** 所示。

03 进入前视图，按照机械手臂的位置移动调整，使骨骼与机械手臂相匹配，如图 **15-50** 所示。

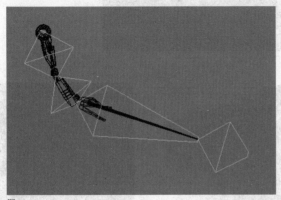

图 15-49

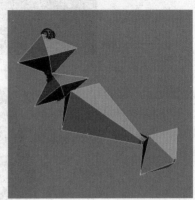

图 15-50

04 这时我们发现骨骼有些太大了，角度也不是很匹配，选择"动画"在下拉列表中选择"骨骼工具"，选中骨骼，用"鳍调整工具"卷展栏下的骨骼对象就可以对创建的骨骼进行高度、宽度和锥化程度的修改了，如图 **15-51** 所示。

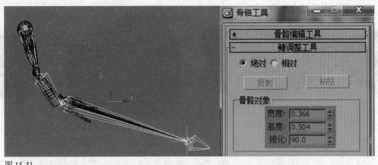

图 15-51

05 选择骨骼的顶部，在"动画"的下拉列表中，把鼠标移至"IK 解算器"上，在下拉列表中选择"HD 解算器"，选择骨骼的末端，这样就为骨骼添加了解算器，在移动骨骼时就会连带其他骨骼一起移动了，如图 **15-52** 所示。

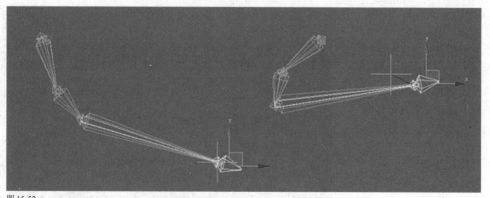

图 15-52

06 单击"选择并链接"🔗工具，单击上臂同时不要松开鼠标，把光标移至与上臂相对的骨骼上，用同样的方法把前臂和手掌也都链接到相应的骨骼上，这样机械臂就会随着骨骼的移动而移动了，如图 **15-53** 所示。

07 选中腿部模型，我们先为机械腿分组，分别选择模型的第一个腿部关节、第二个腿部关节和第三个腿部关节部分进行成组，如图 **15-54** 所示。

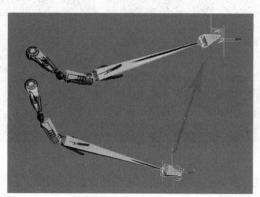

图 15-53

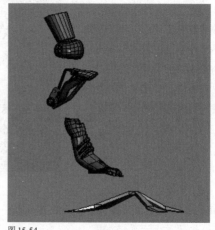

图 15-54

08 用同样的方式对照模型建立骨骼，再按照脚趾的方向创建三根骨骼，如图 **15-55** 所示。

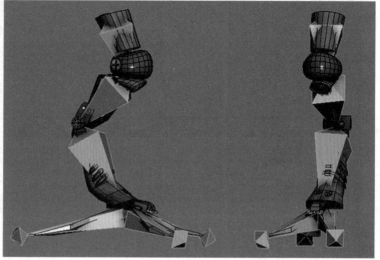

图 15-55

角色动画——超凡鱼侠

143

09 选择骨骼的顶部，在"动画"的下拉列表中，把鼠标移至"IK 解算器"上，在下拉列表中选择"HD 解算器"，选择骨骼的末端，这样就为骨骼添加了解算器，在移动骨骼时，就会连带其他骨骼一起移动了，如图 15-56 所示。

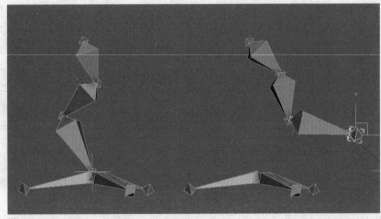

图 15-56

10 此时发现脚趾部分的骨骼并没有跟随脚部运动，我们可以用链接的方式进行解决，单击"选择并链接"🔗工具，单击脚趾的骨骼同时不要松开鼠标，把光标移至脚部的骨骼上，就可以把一根脚趾骨骼连接到脚的骨骼上了，再用同样的方式把其他脚趾骨骼也链接到脚的骨骼上，如图 15-57 所示。

图 15-57

11 再用同样的链接方式，把各部位关节和脚趾分别链接到相应的骨骼上，这样模型就与骨骼绑定到了一起，会随着骨骼的运动而运动，如图 15-58 所示。

图 15-58

12 选中角色除了机械臂和机械腿以外的模型，用同样的方法在左视图中按照模型的形体走向创建骨骼，先创建一个头部的骨骼，因为模型没有脖子，所以创建一根就行了。接着创建身体的骨骼，一根胸部，一根腹部。尾巴也需要两个骨骼来支撑。耳朵各需要一根骨骼就可以了，如果想要更多细节还可以添加更多骨骼，形式都是一样的，如图 15-59 所示。

3ds Max动画案例高级教程

13 选择"动画"在下拉列表中选择"骨骼工具",对骨骼进行调节,使骨骼更加匹配模型,如图 15-60 所示。

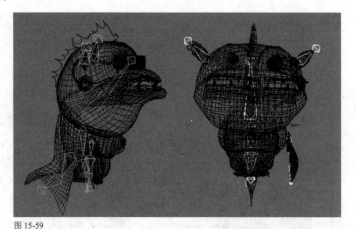

图 15-59

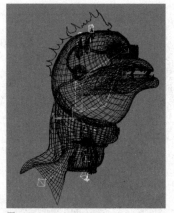

图 15-60

14 单击"选择并链接"🔗工具,把头部、手部、尾部、耳朵等骨骼分别链接到身体上,这样身体就是父层级,其他的骨骼都是它的子层级。在"动画"的下拉列表中,把鼠标移至"IK 解算器"上,在下拉列表中选择"IK 肢体解算器",把角色的各部分骨骼都添加上 IK 肢体解算器,这样在移动骨骼时,就会连带其他骨骼一起移动了,如图 15-61 所示。

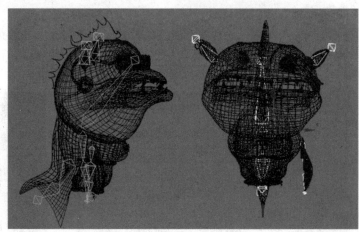

图 15-61

15 选择角色,进入修改面板,在修改列表中选择"蒙皮"修改器,在"参数"卷展栏中单击骨骼旁边的"添加" 添加 按钮,在弹出的"选择骨骼"对画框中,选择刚刚创建的骨骼,就完成了模型对骨骼的绑定,如图 15-62 所示。

16 这时我们发现,移动骨骼时模型会有很不自然的拉伸,这并不是我们想要的,如图 15-63 所示。

图 15-62

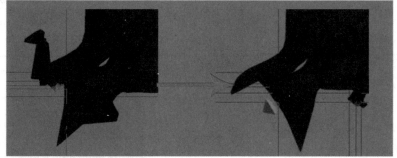

图 15-63

17 要想得到我们想要的效果就需要对封套进行编辑,开启"参数"卷展栏下的"编辑封套" 编辑封套 按钮,选择手臂部位的骨骼,打开"顶点"就可以对封套进行编辑了,如图 15-64 所示。

18 单击封套中红色部分的点向外进行拖动可以把封套所控制的点进行扩张,红色内的点是完全被此节骨骼控制的，单击深红色部分的点向外移动，也就是扩张封套所控制的点，不过控制的程度会下降，从红色到蓝色控制的强度是逐渐递减的，如图 15-65 所示。

图 15-64

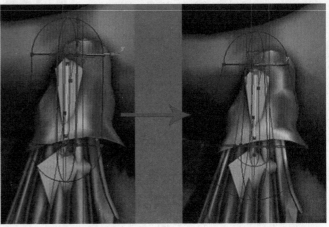

图 15-65

19 要是觉得不满意，还可以进行更细致的调节，开启点的选择方式，选择要修正的点，单击权重表旁边的扳手工具 ✐，在弹出的"权重工具"中就可以对权重值进行设置了，如图 15-66 所示。

20 就这样不断对不合适的点进行调节，就可以完成相对满意的骨骼与模型匹配了，如图 15-67 所示。

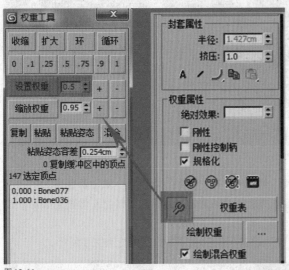

图 15-66

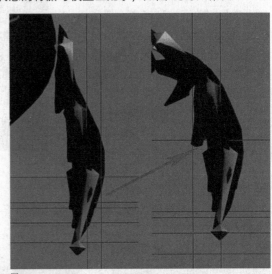

图 15-67

21 用同样的方式就可以完成对模型骨骼的绑定和调试，如图 15-68 所示。

22 调试 Pose 就比较简单了，我们按照效果图，通过移动骨骼的方式就可以完成对角色 Pose 的调整，如图 15-69 所示。

图 15-68

图 15-69

15.5　灯光架设

01 选择前视图，进入创建面板 ，并选择灯光 ，在下拉列表中选择 Vray，选择"VR- 光源"并在角色模型的上方打一盏灯光，如图 15-70 所示。

02 进入灯光的修改面板 ，打开"参数"卷展栏，在亮度中把倍增器设置为 15，模式设置为"颜色"，把颜色设置为白色，大小中半长度与半宽度分别设置为 18 和 14，如图 15-71 所示。

03 在选项中勾选投射阴影、不可见等一些参数，如图 15-72 所示。

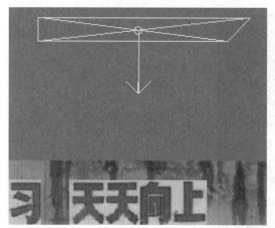

图 15-70

图 15-71

图 15-72

04 用同样的方式在角色的前方打上一盏主光，以模拟窗户透过的光，如图 15-73 所示。

05 进入灯光的修改面板，打开"参数"卷展栏，在亮度中把倍增器设置为 13，模式设置为"颜色"，把颜色设置为白色，大小中半长度与半宽度分别设置为 17 和 13，同样在选项中勾选投射阴影、不可见等一些参数，如图 15-74 所示。

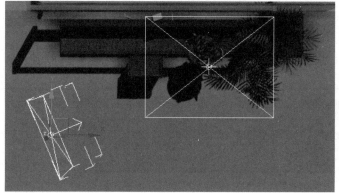

图 15-73

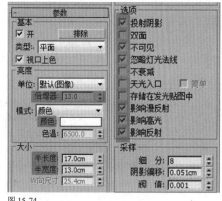

图 15-74

06 按住 Shift 键拖动角色的主光就可以为角色复制出辅光，把倍增器调整为 7 就可以了，如图 15-75 所示。

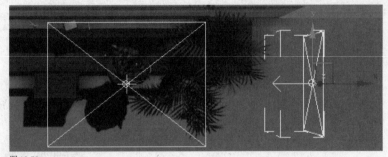
图 15-75

15.6 摄像机架设

按组合键 Shift+F 进入安全框模式，渲染出来的部分就是黄线内部的模型，并调节窗口到满意的位置，按组合键 Ctrl+C 就可以以当前窗口显示的样子创建一台摄像机，如图 15-76 所示。

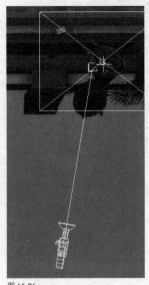
图 15-76

15.7 渲染

01 打开渲染设置 ，在弹出的对话框中选择设置"公用"参数，这里我们需要把输出图像的宽度和高度分别设置为 1024 和 768，如图 15-77 所示。

02 进入 VR- 基项中，打开"V-Ray：图像采样器（抗锯齿）"，图像采样器类型设置为"自适应 DMC"，开启抗锯齿过滤器，选择"区域"，如图 15-78 所示。

图 15-77

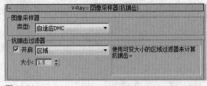
图 15-78

03 进入 VR- 设置中，打开"V-Ray：DMC 采样器"，把自适应数量设置为 0.85，最小采样设置为 8，这个可以根据自己电脑的配置来适当调整，以获得速度与渲染质量上的平衡，如图 15-79 所示。

图 15-79

04 设置完渲染前的参数后就可以单击"渲染"按钮进行渲染了，最终效果如图 15-80 所示。

图 15-80

01
02
03
04
05
06
07
08
09
10
11
12
13
14
15

角色动画——超凡鱼侠

16
17

149

案例分析

本案例将采用3ds Max自带的"Hair和Fur"修改器为制作的模型添加毛发。当模型制作好后，虽说用面片等方式可以制作毛发，但还是有很多局限性，如果要制作一个浑身都是毛的猩猩可能就更加麻烦了。"Hair和Fur"毛发系统很容易就可以制作出我们想要的毛发效果，制作的毛发具有清晰的高光、柔软度等，效果非常逼真，效果图如图16-1所示（该案例头部模型源自网络：www.cgmodel.com）。

图 16-1

16.1 角色模型

制作步骤

01 在前视图沿着眼睛的部位建立一个平面，把它转化为多边形，进入点的层级并按照眼睛的样子进行调节。进入边层级，选中边，按住 Shift 键的同时用移动工具进行拖动，就可以生成新的面，再进入"点"层级进行细精细调节，如图 16-2 所示。

02 用同样的方法复制出新的面，通过调节的方式不断制作其他部分，如图 16-3 所示。

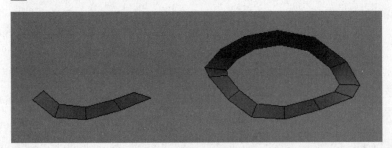

图16-2

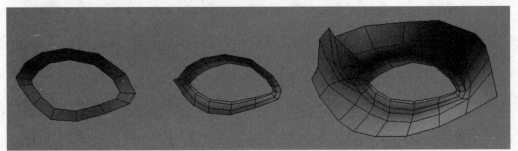

图16-3

03 选中眼睛里面的边界，往里复制出新的边，简单调节出眼睑的部位，如图 16-4 所示。

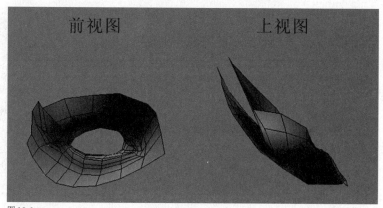

前视图　　　　　上视图

图 16-4

04 鼻子的制作方式也是一样，先在正视图建立一个平面，转化成可编辑多边形，到各个视图去调整，再通过拖曳边生成新的面，进一步调整就可以得到鼻子的大概形状，如图 16-5 所示。

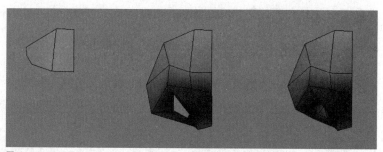

图 16-5

05 再通过挤边的方式得到新的面，进行调整，用切线、挤出等方式完善鼻子的制作，如图 16-6 所示。
06 制作好一边后就可以用"对称"命令进行对称操作，如果对称的方式不对的话，可以对轴向、翻转等进行调节，以达到满意的效果，如图 16-7 所示。

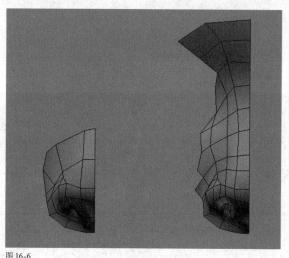

图 16-6

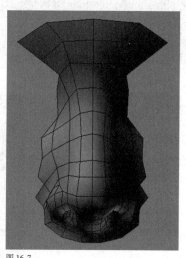

图 16-7

07 嘴巴、耳朵的制作方式也一样，这里就不一一制作了，如图 16-8 和图 16-9 所示。
08 最后把创建好的部分修补起来就好了，注意脑后的面数要少些，在五官这些有很多细节的部位要多给些线段。可以边建模边参考真人图片，以及一些优秀的模型布线，这样做的时候就会更加得心应手。

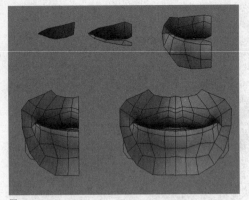

图 16-8

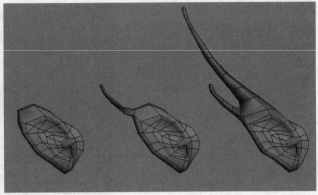

图 16-9

16.2 UV 制作

01 UV 拆分与 Chapter 15 角色动画——超凡鱼侠基本相似，单击头部模型，进入修改面板，为头部添加一个"UVW 展开"修改器，选择相应的面进行展开。要注意尽量把分割线放置在不容易看到的地方，这样绘制贴图所产生的接缝问题也能够尽量看不出来，绿色的分隔线如图 16-10 所示。

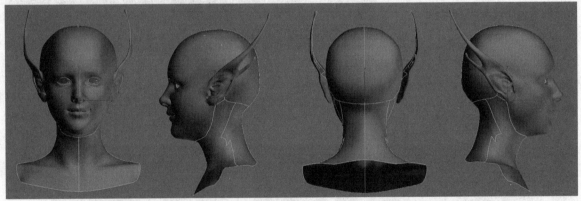

图 16-10

02 把松弛好的 UV 放置在"编辑 UVW"对话框中蓝色线框的区域内，就可以对 UV 进行渲染了，如图 16-11 所示。

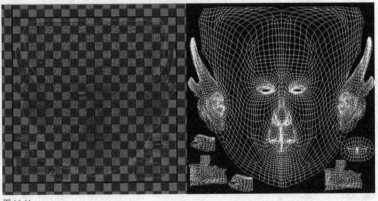

图 16-11

16.3 贴图绘制

贴图的具体绘制方法在 Chapter 15 角色动画——超凡鱼侠中有详尽的描述，大家可以参考学习，绘制结果如图 16-12 所示。

图 16-12

16.4 毛发制作

01 进入模型的右视图，在额头部位单击创建样条线，再单击第二个点的时候不要松开鼠标，就可以创建出圆滑的曲线，如图 16-13 所示。

02 选中样条线，右键单击把样条线转化为"可编辑样条线"，进入"修改面板"选择"顶点"层级，选中要调节的点，右键单击转化为"Bezier 角点"，拖动点旁边的控制杆就可以对点所在的线段进行精细调节了，如图 16-14 所示。

03 用编辑 Bezier 角点的方式对不满意的曲线进行修整，尽量让曲线圆滑好看就可以了，如图 16-14 和图 16-15 所示。

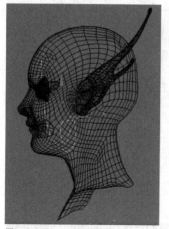

图 16-13

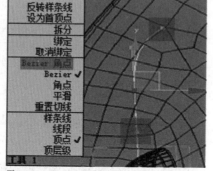

图 16-14

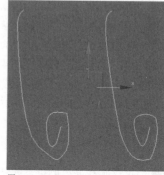

图 16-15

04 右视图调整好后，进入前视图按照模型头部的走向，再进一步进行调节，让样条曲线尽量贴合头部，让人看起来更舒服些，如图 16-16 所示。

05 在右视图中复制出三根样条线，进入点的层级对样条线进行长度间隔的调整，如图 16-17 所示。

图 16-16

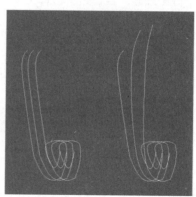

图 16-17

毛发设计——Angel 头发

06 把调节好的三条样条线向上复制一遍，在右视图和前视图分别进行调节，让样条线分散得更均匀些，如图 16-18 所示。

07 进入一条样条线的修改面板，在"几何体"卷展栏下，激活"附加" 附加 命令，把之前创建好的样条线附加成一个整体，这样我们就可以为样条线添加"Hair 和 Fur（WSM）"命令，此时就会在样条线间生成许多毛发，如图 16-19 所示。

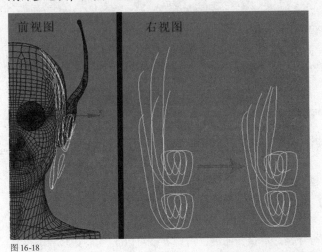

图 16-18

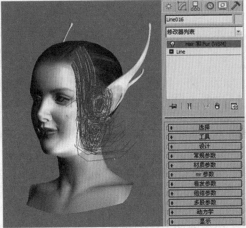

图 16-19

08 这时的头发很乱，也不是我们想要的效果，打开"常规参数"卷展栏，把毛发的数量设置为 455，随机比例设置为 17.2，梢厚度设置为 0.33。打开"材质参数"卷展栏，把值变化设置为 16.6 左右，让头发的感觉更加柔顺。进入"卷发参数"卷展栏，把卷发根设置为 50 左右，卷发梢设置为 23.4，让头发卷曲的小些，更加自然，如图 16-20 所示。

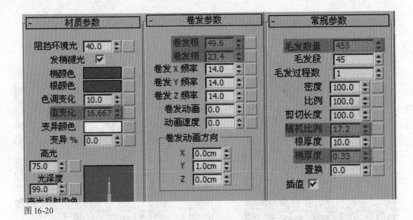

图 16-20

09 通过这几样简单的设置就可以得到相对满意的效果。如果对毛发效果还是不满意可以进一步更加细致的调节，毛发的参数虽然多，但都是根据真实的毛发去调试的，多调节几次就会找到规律，如图 16-21 所示。

图 16-21

10 接下来我们来创建头部后面的头发，先从耳部开始，因为头发受到耳朵的阻碍，所以会在耳朵部位有些弯曲，在创建样条线时我们要注意这一点，再有创建样条线时一定要按照头部外轮廓的走向来创建、修整，如图 16-22 所示。

11 选择样条线，按住 Shift 键拖曳复制出一条新的样条线，对其进行调整就可以得到新的样条线，调整的时候要注意它随着头皮、耳朵等形状变化产生的影响，尽可能调到自然饱满，如图 16-23 所示。

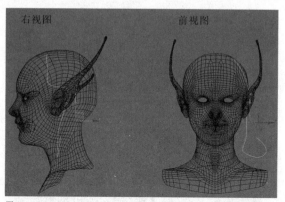

图 16-22

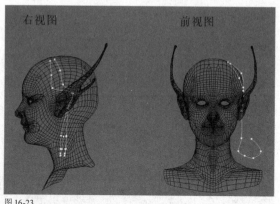

图 16-23

12 用同样的方法复制出新的样条线，按照头型的走势进行调整，头发应该是最放松的，除了头骨就是受到重力的影响了，所以调整时要注意从耳朵部位到后脑勺部位头发的变化，如图 16-24 所示。

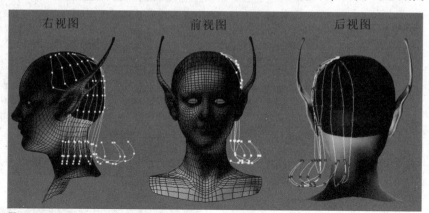

图 16-24

13 右边的制作好后就可以着手制作左边的头发了，左边的头发可以放下来，也可以比右边稍微短一点，这样会显得更加自然，这部分一定要细致地调节好，这部分样条线的调整会很大程度上决定头发的形状、好坏，如图 16-25 所示。

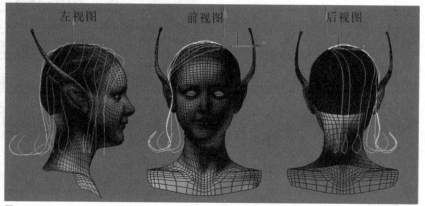

图 16-25

14 调整样条线的时候要注意上视图的变化，头发梳的并不是中分，左右两边要有一些大小的变化，这样也更加自然，如图 16-26 所示。

15 选中一条样条线，进入修改面板，在"几何体"卷展栏下，激活"附加" 附加 命令，把之前创建好的样条线附加成一个整体，为样条线添加"Hair 和 Fur（WSM）"命令，此时就会在样条线间生成许多毛发，如图 16-27 所示。

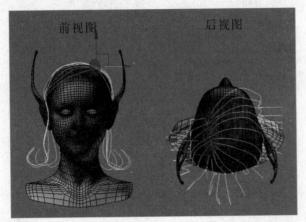

图 16-26

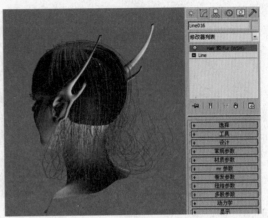

图 16-27

16 添加修改器后头发很稀少。打开"常规参数"卷展栏，把毛发的数量设置为 37000 左右，毛发段设置为 75，毛发过程数设置为 2，随机比例设置为 13.6，梢厚度设置为 0。打开"材质参数"卷展栏，把值变化设置为 16.6 左右。进入"卷发参数"卷展栏，把卷发根设置为 17 左右，卷发梢设置为 19 左右，让头发更加自然些，如图 16-28 所示。

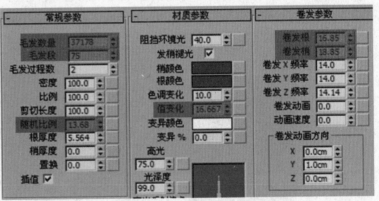

图 16-28

17 通过简单的设置我们就可以得到毛发的效果了。制作时要时刻想着这就是我们自己的头发，它是什么样的感觉，受到不同物体的影响会产生什么变化，如图 16-29 所示。

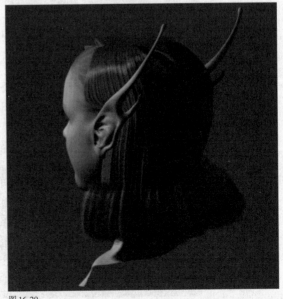

图 16-29

18 先对照头骨的轮廓进行画线，然后转化为可编辑多边形，进入点层级把点转化为 Bezier 角点进行精细调节，调整好一根样条线后就可以对其进行复制，再对复制出来的点进行调节。样条线都制作好后，把它们都附加起来，添加 Hair 和 Fur 修改器，再对修改器中的参数进行修改就可以了，通过这样的方式就可以把头发制作完成，如图 16-30 所示。

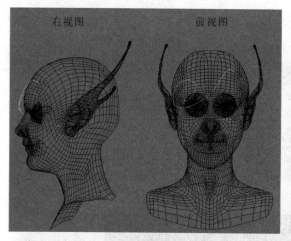

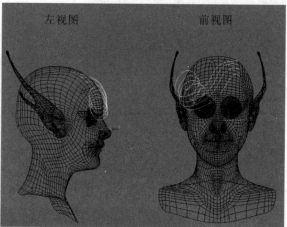

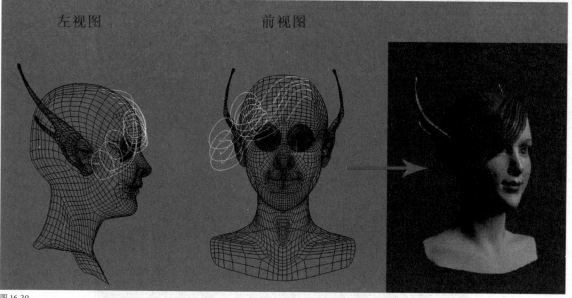

图 16-30

16.5　灯光架设

01 选择前视图，进入创建面板 ☐ 并选择灯光 ☐ ，在下拉列表中选择"标准"，选择"目标聚光灯"并在角色模型的上方打一盏灯光，如图 16-31 所示。

02 进入灯光的修改面板 ☐ ，打开"常规参数"卷展栏，开启阴影，选择"VrayShadow"。在"强度 / 颜色 / 衰减"卷展栏中把倍增设置为 0.6，颜色设置为白色。打开"聚光等参数"卷展栏，把"聚光区 / 光束"设置为 43，"衰减区 / 区域"设置为 45，如图 16-32 所示。

03 灯光打好后就可以进行渲染了，最终效果如图 16-33 所示。

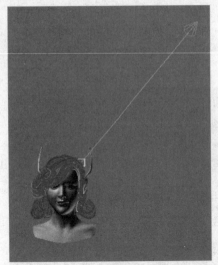

图 16-31

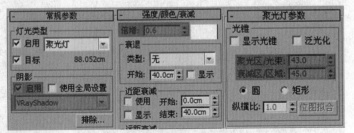

图 16-32

图 16-33

Chapter 17 粒子动画——蓝色火焰

案例分析

本案例将采用3ds Max的外挂程序Fume FX来制作粒子动画特效。FumeFX是一款强大的流体动力学模拟系统，其强大的流体动力学引擎可以模拟出真实的火、烟雾、爆炸等常见气体现象。功能丰富，强大易用，是运行在3ds Max上不可多得的高级极品插件。FumeFX在任何平台上都能产生烟雾和火，使整个场景交互出完全逼真的视觉效果，如图17-1所示。

场景分析

这个作品包括两个FumeFX的反应区，一个是箱子里从上向下烟雾的反应区，一个是骷髅头里向外喷射的火焰反应区；还有四个发射源，一个在箱子上向下发射烟雾，两个在眼窝里，一个在嘴巴里发射火焰。有了这几个关键元素，再创建些重力向量、重力等影响火焰或烟雾的形状，基本就可以完成对特效的创建了。

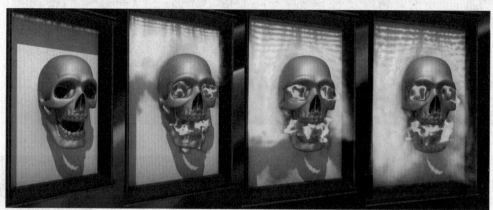

图17-1

17.1 场景模型制作

制作步骤

01 模型的制作大家一定很熟悉了，头骨的模型包括三个部分，通过面片建模或者多边形建模就可以制作出来，头骨模型的各元素模型如图 17-2 至图 17-5 所示。

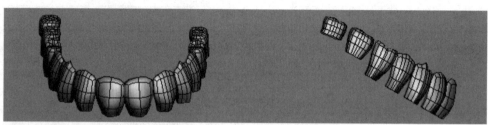

图17-2

图17-3

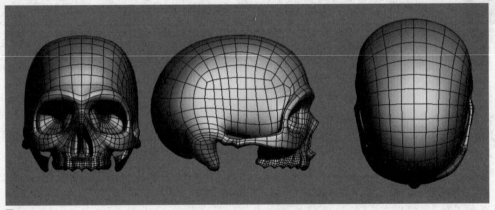

图 17-4

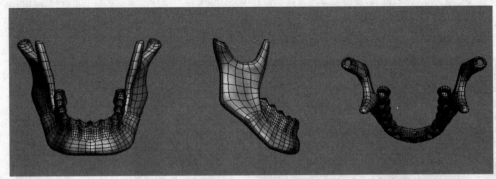

图 17-5

02 头骨所在的盒子也很简单，就是几个立方体罗列而成的，如图 17-6 所示。

图 17-6

17.2 灯光创建

01 选择前视图，进入创建面板 ⊕ 并选择灯光 ◁，在下拉列表中选择"标准"，选择"目标聚光灯"并在角色模型的上方打一盏灯光，如图 17-7 所示。

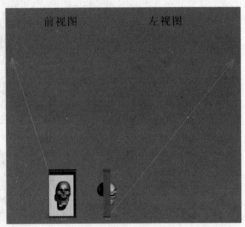

图 17-7

02 进入灯光的修改面板,打开"常规参数"卷展栏,勾选"阴影"和"使用全局设置",选择"VrayShadow"。在"强度/颜色/衰减"卷展栏中把倍增设置为1.0,颜色设置为白色,在衰退类型下拉列表中选择"平方反比","开始"设置为1420,如图17-8所示。

03 打开"聚光灯参数"卷展栏,把"聚光区/光束"设置为10.8,"衰减区/区域"设置为45,显示方式选择"圆"。打开"阴影参数"卷展栏,把密度设置为5.0,启用大气阴影里的"启用不透明度",如图17-9所示。

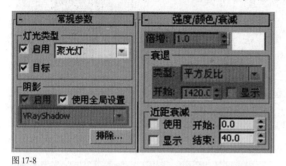
图 17-8

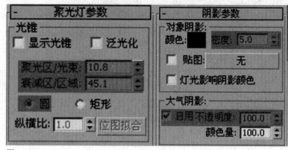
图 17-9

17.3 摄像机创建

01 进入创建面板,选择摄像机,在上视图创建一台目标摄像机,如图 17-10 所示。

02 选择摄像机,单击"自动关键点" 自动关键点 按钮,在 170 帧的位置把摄像机向右移动,这样就为摄像机创建了一个从左向右移动的动画,如图 17-11 所示。

图 17-10

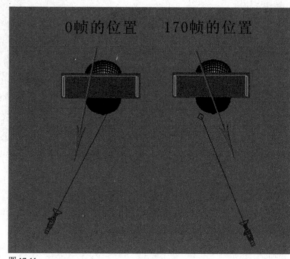
图 17-11

17.4 烟雾特效制作

01 进入创建面板并选择几何体,在下拉列表中选择"Fume FX" FumeFX,在创建类型中选择"Fume FX",在前视图中照着场景模型创建一个包裹住场景的反应区,并在其他视图进行调整,如图17-12所示。

02 进入修改面板,打开"通用参数"卷展栏,把"间距"设置为5,宽度、长度和高度做相应的调节,使反应区包裹住模型就可以了,勾选"自适应",把"灵敏度"设置为0.01,如图17-13所示。

03 进入创建面板并选择辅助对象,在下拉列表中选择"Fume FX" FumeFX,在对象类型中选择"简单源",在箱子的上部为模型创建一个烟雾发射源,如图17-14所示。

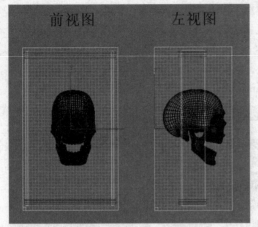

前视图　　　　　　左视图

图 17-12

图 17-13

图 17-14

04 进入简单源的修改面板,打开"参数"卷展栏,在"图形"下拉列表中选择 Box,宽度设置为 350 左右,长度和高度都设置为 6,如图 17-15 所示。

05 进入创建面板 並选择辅助对象，在下拉列表中选择 "Fume FX" FumeFX ，在对象类型中选择"重力向量",在前视图中拖曳创建一个就可以了,重力向量可以控制烟雾的方向,如图 17-16 所示。

图 17-15

图 17-16

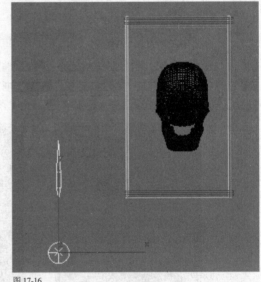

06 进入创建面板 並选择空间扭曲，在下拉列表中选择"力" 力 ，在对象类型中选择"重力",在前视图中拖曳创建一个重力来影响烟雾的形态。在修改面板中,打开"参数"卷展栏,把"强度"设置为 12,如图 17-17 所示。

07 把这些基础元素创建好后,单击黄色的反应区线框,进入修改面板,单击"通用参数"卷展栏中的"打开 Fume FX UI" 按钮,在弹出的对话框中单击"对象 / 源",在"对象"卷展栏中单击"拾取对象" 按钮,把创建的东西都拾取进去,只有选取进来的东西才会参与反应,如图 17-18 所示。

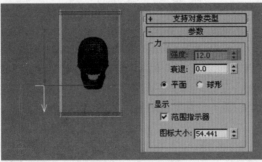

图 17-17

图 17-18

3ds Max动画案例高级教程

08 所需的元素都制作好后，调节好参数就可以渲染了。选择"通用"，打开"输出"卷展栏，把开始帧设置为 0，结束帧设置为 170。打开"播放"卷展栏，把播放范围也设置为 0~170 帧，如图 17-19 所示。

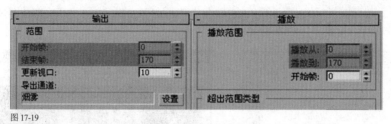

图 17-19

09 单击模拟，打开"模拟"卷展栏，把"质量"设置为 6，"最大迭代次数"设置为 300，"时间缩放"设置为 2.2，在系统中把"涡度"设置为 1，如图 17-20 所示。

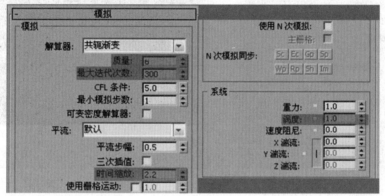

图 17-20

10 因为是制作烟雾，把"燃料"卷展栏中的模拟燃料关闭。打开"烟雾"卷展栏，勾选"模拟烟雾"，把"烟雾浮力"设置为 -4.0，"消散最小密度"设置为 0.0，"消散强度"设置为 0.0。打开"温度"卷展栏，把"温度浮力"设置为 0.0，"消散最小温度"设置为 999.0，"消散强度"设置为 100，这样设置的目的是为了持续产生烟雾而且不会消散，如图 17-21 所示。

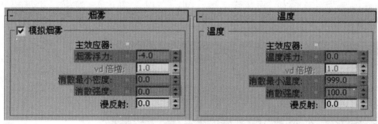

图 17-21

11 单击"渲染"，在"火"卷展栏下把火关闭。打开"烟雾"卷展栏，勾选"烟雾"，单击"环境色"的色块，设置为灰绿色，右键单击"颜色"后面的色块选择"Key Mode"，在弹出的"Density Gradient"对话框中设置烟雾的颜色，把不透明度设置为 6.5，右键单击小的曲线框 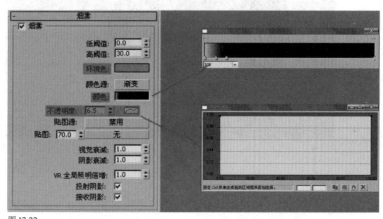，在弹出的"Smoke AFC"窗口中把曲线拖直，这样烟雾的颜色就设置好了，如图 17-22 所示。

图 17-22

12 单击"照明",打开"照明参数"卷展栏,单击"拾取灯光" 按钮,把之前创建的那盏灯光添加进来,勾选"照明贴图"和"多次散射",把"最大深度"设置为 10,如图 17-23 所示。

13 参数都设置好后就可以对烟雾进行模拟了,单击"Fume FX UI"中的"开始默认模拟" ⊙ 按钮就可以对调节好参数的烟雾进行模拟了,如图 17-24 所示。

图 17-23

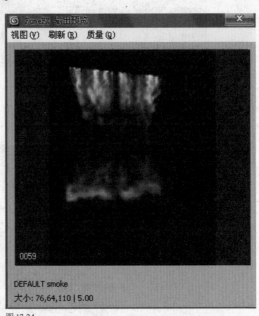

图 17-24

17.5 火焰特效制作

01 进入创建面板 ✳ 并选择几何体 ◯,在下拉列表中选择"Fume FX" FumeFX ▾,在创建类型中选择"Fume FX",在前视图中照着场景模型创建一个包裹住头骨的反应区,并在其他视图进行调整,如图 17-25 所示。

02 进入修改面板,打开"通用参数"卷展栏,把"间距"设置为 5.0,宽度、长度和高度做相应的调节,使反应区包裹住头骨就可以了,勾选"自适应",把"灵敏度"设置为 0.01,如图 17-26 所示。

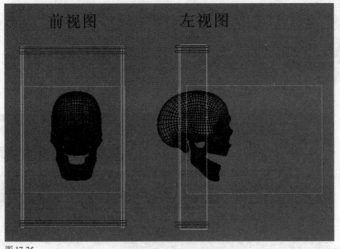

图 17-25

图 17-26

3ds Max动画案例高级教程

03 进入创建面板 ![] 并选择辅助对象 ![]，在下拉列表中选择 "Fume FX" ![FumeFX]，在对象类型中选择 "简单源"，在头骨的两个眼窝和嘴部分别创建火焰的发射源，如图 17-27 所示。

04 进入简单源的修改面板，打开 "参数" 卷展栏，在 "图形" 下拉列表中选择 "圆柱体"，直径与高度调节为合适大小就可以了，如图 17-28 所示。

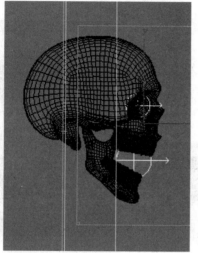

图 17-27

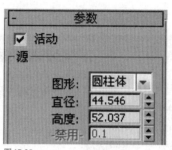

图 17-28

05 进入创建面板 ![] 并选择辅助对象 ![]，在下拉列表中选择 "Fume FX" ![FumeFX]，在对象类型中选择 "重力向量"，在前视图中拖曳创建一个重力向量，如图 17-29 所示。

06 进入修改面板，单击 "通用参数" 卷展栏中的 "打开 Fume FX UI" ![] 按钮，在弹出的对话框中单击 "对象 / 源"。在 "对象" 卷展栏中单击 "拾取对象" ![] 按钮，把创建的东西都拾取进去，如图 17-30 所示。

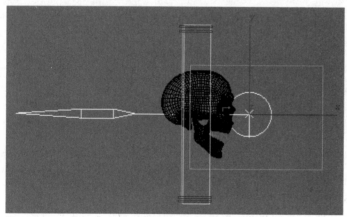

图 17-29

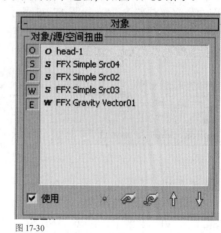

图 17-30

07 单击 "模拟"，打开 "模拟" 卷展栏，把 "质量" 设置为 5，"最大选代次数" 设置为 300，如图 17-31 所示。

08 勾选 "燃料" 卷展栏中的 "模拟燃料"，把 "点火温度" 设置为 0.0，"燃烧速率" 设置为 5.0。因为主要是模拟火焰，所以烟雾的参数就不做相应设置了，如图 17-32 所示。

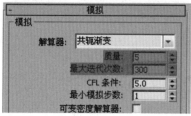

图 17-31

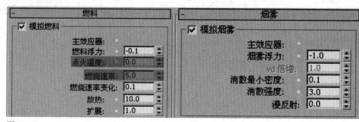

图 17-32

09 单击"渲染"在"火"卷展栏下勾选"火",右键单击"颜色"的色块选择"Key Mode",在弹出的"Fire Gradient"对话框中,设置火焰的颜色。右键单击不透明度后面的曲线框 ,在弹出的"Fire AFC"窗口中把曲线拖成上坡状。把烟雾开启就可以了,如图 17-33 所示。

10 火焰参数也设置好后,单击"Fume FX UI"中的"开始默认模拟" 按钮就可以对调节好参数的火焰进行模拟了,如图 17-34 所示。

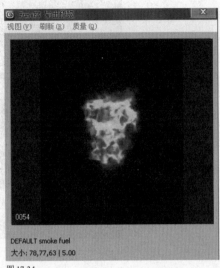

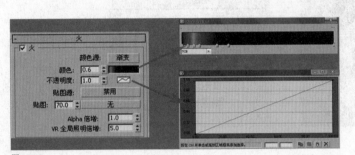

图 17-33

图 17-34

17.6 渲染

01 打开渲染设置 ，在弹出的对话框中选择设置"公用"参数,这里我们需要把输出图像的宽度和高度分别设置为 800 和 1024,如图 17-35 所示。

02 选择时间输出中的"范围",并把范围设置为 0~170,在渲染输出中勾选"保存文件",设置路径,选择保存文件格式为 jpg,如图 17-36 和图 17-37 所示。

图 17-35

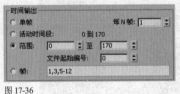

图 17-36

图 17-37

03 进入 VR- 基项中,打开"V-Ray：图像采样器（抗锯齿）",图像采样器类型设置为"自适应 DMC",开启抗锯齿过滤器,选择"区域",如图 17-38 所示。

04 进入 VR- 设置中,打开"V-Ray：DMC 采样器",把自适应数量设置为 0.85,最小采样设置为 8,这个可以根据自己电脑的配置做适当调整,以获得速度与渲染质量上的平衡,如图 17-39 所示。

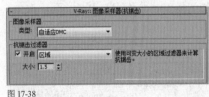

图 17-38

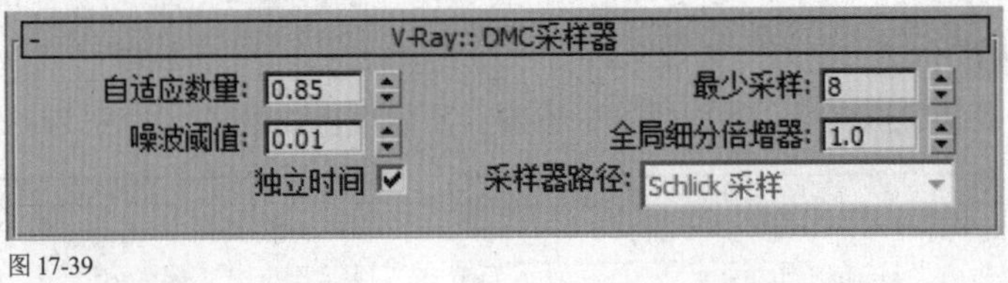

图 17-39

05 设置完渲染前的参数后，就可以单击"渲染"按钮进行渲染了，渲染好后就可以在保存的目录里找到渲染的图片序列了，这里选取了几张，如图 **17-40** 所示。

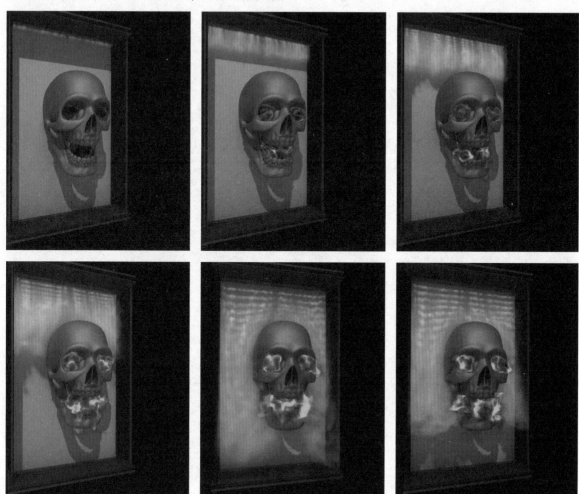

图 17-40

粒子动画——蓝色火焰